다시,
고향의 맛·멋

다시, 고향의 맛 · 멋

지은이 | 이재인

발행일 | 초판 1쇄 2014년 5월 15일

발행처 | 멘토프레스

발행인 | 이경숙

인쇄 · 제본 | 한영문화사

등록번호 | 201-12-80347 / 등록일 2006년 5월 2일

주소 | 서울시 중구 충무로 2가 49-30 태광빌딩 302호

전화 | (02)2272-0907 팩스 | (02)2272-0974

E-mail | mentorpress@daum.net
memory777@naver.com

홈피 | www.mentorpress.co.kr

ISBN 978-89-93442-32-8 03980

이 책이 나오기까지 김태웅, 이민규 님이 참여했습니다.

▶일러두기

사진 중 일부는 불가피하게 저작권 협의를 못하고 게재했으므로 차후 연락바랍니다.

다시,
고향의 맛·멋

멘토 press

광시 · 공주 · 논산 · 단양 · 대전
잃어버린 고향을 다시 찾다

덕산 · 보령 · 부여 · 목포 · 수원
간절한 소망과 그리움, 원혼이 시가 되고 강물이 되고 노래가 되어

제3장 안동 · 옥천 · 익산 · 장성 · 인사동

산 높고 물 맑고 계곡 깊은 곳에 아름다운 인격자가 나오기 마련이다

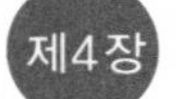

천안 · 청주 · 청양 · 해미 · 홍성

고향땅에서 벗과 즐기며 시와 사상, 함께하는 세상을 나누리!

서문을 대신하여

『다시, 고향의 맛 · 멋』이라는 아름다운 제목을 서재 벽에 붙여놓고 생각에 생각을 계속한 시간이 꽤나 오래되었다.

고향을 지키는 사람들, 그들은 사회적으로 그리 인기가 높은 편은 아니나, 나름의 사상과 철학을 가지고 이를 몸소 실천하며 소박한 삶을 일구는 분들이다. 늘 본받고 싶은 이분들 행동 저변에 흐르는 생각이 궁금했다. 그래서 이분들을 찾아나서며, 이들의 고향 유적지를 순례하며 더불어 즐겨 읽는 책은 무엇인가, 자주 찾는 맛집은 어디인가 추적해보기로 했다. 이 책을 통해 독자는 잠시, 잊었던 고향을 다시 떠올릴 것이고, 단 한 번도 고향다운 고향을 가져본 적 없는 이들에게는 한없이 달려가고픈 마음의 고향을 더러 꿈꿔보기도 할 것이다. 해미읍성에 자리한 순교목 회화나무 그늘 아래를 서성이며 뼈아픈 역사의 흔적을 더듬기도 하고, 그래도 먹고살겠노라고 헛제사밥에 군침흘리는 양반네 심정되어 맛집을 함께 순례하는 재미에 동참하기도 할 것이다. 더러 식도락가처럼 보양식에 눈독 들이며 유명맛집을 기웃거리는 필자 모습에, 그 경박함에 잠시 눈살을 찌푸릴 수도 있겠다. 그러나 오랜 역사를 지혜롭게 헤쳐온 우리 민족의 우수성을 말하고 싶어 이런 거다.

우리 민족은 위대한 정신적 자산을 지니고 태어났다. 그 어떤 고난 속에서도 문화와 예술의 꽃을 피워왔다. 근세에 들어와 불행히도 일제식민지로 전락되어 많은 정신문화와 역사가 저들로부터 짓밟히고 부러지며 상당부분 훼손되었다. 그래도 선조들은 부단한 노력과 인내로 지킬 것은 지켜왔다. 그 가운데서도 대

물림 속에 고유한 음식문화를 보존, 발전시켜 문화적 생명력을 지혜롭게 키워왔다. 정말로 감사한 일이다.

필자는 작가로서 우리나라 향토음식인 특산물을 특유의 조리법으로 만든 별미, 맛집이 어디에 있는가 탐험하기로 했다. 향토음식이란 알다시피 그 지역에 생산된 소재를 이용하여 독특한 조리법으로 만든 것이다. 그러므로 자연 그 지역의 문화적 정서를 담고 있음을 알아내는 데 힘을 기울여왔다. 나의 이러한 무모한 도전에 대해 많은 분들이 염려해왔다. 바야흐로 교통과 물류의 활성화와 그 발달로 지역간 경계와 벽은 이미 허물어지고, 여론인즉 '그밥에 그나물'이라는 것이다.

그러나 필자가 연구한 결과, 그 지역의 고유성과 공간성 그리고 풍속성에 의해 옛것이 보존, 발전되면서 그 지방 고유의 음식이 문화적 자산으로 자리잡았음을 확인했다. 음식문화의 선도자들이 빚어낸 그 결과물들이 이 책에 기록되었다. 이 책이, 혹시나 별미를 찾아나선 분들에게 작은 안내가 되었으면 한다.

요즘같이 어려운 시대, 이 책을 발간해준 멘토프레스 이경숙 대표에게 감사드린다. 여러분께서 이 책에 한 날개를 달아주면 비익조比翼鳥가 되어 보람 있고 귀한 책을 내는 데 큰 힘이 되어줄 것이라 믿고, 그리 되길 간곡히 기원한다.

2014년 새봄에

이재인

광시
공주
논산
단양
대전

제1장

광시 · 공주 · 논산 · 단양 · 대전

잃어버린 고향을 다시 찾다

광 시

언제나 빛이 일렁이는 역사의 고장 '광시'

충청남도 예산군 광시면에 위치한 임존성

백제시대에 축조된 임존성은
공주와 부여까지 거리는 불과 90리
백제 도성의 안전과 직결된 요충지이다.
테뫼형山頂式으로 산성을 만들고
성 바깥은 돌로 쌓고 성 안은 흙으로 채우고
많은 주민을 수용할 수 있도록
계단식으로 축조하고 우물도 3곳 있었다.

『삼국사기』에 전한다.
“흑치상지가 사람들을 불러 모아 임존성에 들어가
굳게 지키니 열흘도 안 되어 3만이 넘었다”고.
태종무열왕 7년(660) 8월 26일
신라군은 임존성을 공격했으나 대패했다.
663년 11월 난공불락의 요새인 임존성도 점령되어
백제 부흥전쟁의 막을 내린다.

왜, 광시인가?
광시에 살면서도 고유명사, 그 고귀한 〈광시光時〉가 왜 광시인지 지금은 아무도 모른다. 동학혁명 때이던가, 일제강점기이던가 한 인물이 이 지역을 사수하고 이 지역에서 많은 사람들의 목숨을 구했다는 사실만 얼핏 회고할 뿐이다. 이제 팔십이 넘은 아름다운 촌로들 미담처럼 ‘광시’로 기억해주는 사람조차 해마다 줄고 있다. 예산 군지郡誌나 광시 면지面誌에서조차 ‘광시’의 유래가 기록되어 있지 않으니 후대인으로서 통탄할 일이다.

광시면 운산리에 100여 년 전쯤에 임씨 한 분이 살았다. 그는 증조할아버지께서 이순신 장군 휘하의 수병水兵으로서 광천 밑에 있는 오천 수영에서 칼 하나를 하사받았다. 지금이야 시장, 아니 홈쇼핑에서도 돈만 지불하면 원하는 칼을 구할 수 있지만 대장술이 미진한 임진왜란 당시에 칼을 하사받는다는 것은 오늘날 훈장에 버금가는 일종의 신표信標라고 할 수 있었다. 그는 동학혁명 때 국가의 안위를 위하여 이 장도長刀를 들고 나와 혁명군에게 바쳤다. 이에 당시 참모장이 “아! 빛난다. 이 칼의 빛이 영원할 이 땅이 광시로구나. 자랑스러운 빛의 골짜기가 될지어다.”라고 말했다. 이 말로부터 이 땅이 ‘광시’가 되었다는 것이 첫 번째 지명유

래이다.(제헌 국회의원 윤병구 구술, 1965년 3월 17일)

두 번째로 광시에는 생명파 혹은 전원파 시인 신석정의 사위인 전북대 문과대학장 최승범 시인이 "광시는 빛이 일렁이는 작가, 시인들이 있으므로 아름답다."고 그의 고하일기에 기록된 것이 지명 유래이다.

그렇다. 광시는 광시이다. 왜냐하면 1930년에 이미 『문예광文藝狂』 동인이던 시인 윤병구가 이 고을에 문인으로 맹렬한 문학운동가로 정치인으로 광시를 빛냈다. 그러나 이 윤병구 시인에 그치지 않고 광시 양조장 주인이던 대법원판사 윤병의씨 부인 서창남 시인이 1950~1970년에 이르기까지 문단활동을 하면서 광시에서 살았다. 그는 서거정 선생의 장손녀로 선비 · 양반 가문의 긍지와 자부심을 지니며 광시에서 귀족적 문예부흥을 꿈꾸던 문단 전도사였다.

수필가 금아 피천득 선생이 태어났던 곳. 현재 광시보건소가 자리해 있다.

또 한 분이 있는데, 김광회 시인이다. 그는 『현대문학』 문예지에 청마 유치환 선생의 추천을 받아 등단한 시인으로 일찍이 1950년대에 예산에서 『육석』이란 동인지를 이희철(아동문학가)과 함께 발간하여 문학운동의 전도사로 활약했다. 이러한 영향으로 후배문인들이 줄줄이 탄생했다. 그들은 한철수, 윤태운, 유태윤, 최종순, 하금수 등으로 광시를 빛냈다.

광시가 더 대단한 것은 여기에 그치지 않았다는 점이다. 수필가 금아 피천득 선생이 현재의 광시면 사무소, 임가네식당 근처 광시보건소 자리에서 태어났다는 점이다. 비봉면 채홍석 선생을 통해, 그곳이 피천득 선생의 외가라는 사실을 전해들을 수 있었다. 이것이 사실인 것은 금아 피천득 선생은 그의 수필에서 "난생 꾀꼬리 소리를 처음 들은 곳이 광시다." 라고 기록하고 있어 충분히 헤아릴 수 있는 점이다.

광시는 광시런가?

광시의 어원이 빛나는 칼에서 고유명사로 정착된 것은 우연이 아니다. 광시는 한우고기 생산지로 전국에 이름이 나 있다. 전국 어느 지방 어느 골짜기에 가도 역시 한우 생산지로 제일 알려져 있다.

이러한 사실이 칼과 무관하지 않아 신기하기만 하다. 번쩍이는 칼날로 서럽도록 빨간 살코기를 저며 내는 정육점주인의 솜씨, 그도 장인의 솜씨라고 할 만하다.

광시에서 만난 인물-오탁번 시인

조각가처럼 거친 말들의 돌에서 시의 미학을 깎아나가며 완성시킨다

1943년 7월 3일 충북 제천에서 출생해서 고려대학교 교수로 재직하다 은퇴하여 지금은 재천에서 문학계 발전을 위해 노력하고 있다. 그는 누구보다도 순수한 낭만적 이상주의자로서 시가 특정한 정치적 색깔을 띠며 세속의 도구로 전락하는 것을 배제하고자 한다.

오직 오탁번은 깊디깊은 장인정신으로 시의 운율과 문장예술로서 시

의 지위를 지키고자 불철주야로 노력할 뿐이다. 조각가처럼 그는 시어의 한 마디 한 마디에도 예민하게 반응하면서 그 감각으로 조심스럽게 거친 말들의 돌에서 시의 미학을 깎아나가며 완성시킨다. 여기에 그는 구수한 사투리를 동원해 토속적인 분위기를 시에 첨가하면서도 시의 아름다움을 그대로 유지하는 연금술을 발휘하며 자신만의 고유한 시의 영역을 만들어가고 있다.

이념의 지향을 가면의 위장으로 규정하며 철저한 서정시로의 진회를 꿈꾼 이상주의자로 평가받는다. 그의 시 전반에 걸쳐 재기발랄하면서도 경건한 아름다움이 동시에 살아 있음을 발견하는 일은 전혀 이상하지 않다.

폭설

– 오탁번

삼동에도 웬만해선 눈이 내리지 않는
남도 땅끝 외진 동네에
어느 해 겨울 엄청난 폭설이 내렸다
이장이 허둥지둥 마이크를 잡았다
–주민 여러분! 삽 들고 회관 앞으로 모이쇼잉!
눈이 좆나게 내려부렸당께!

이튿날 아침 눈을 뜨니
간밤에 또 자가웃 폭설이 내려
비닐하우스가 몽땅 무너져내렸다
놀란 이장이 허겁지겁 마이크를 잡았다
–워메, 지랄나부렀소잉!

어제 온 눈은 좆도 아닝께 싸게싸게 나오쇼잉!
왼종일 눈을 치우느라고
깡그리 녹초가 된 주민들은
회관에 모여 삼겹살에 소주를 마셨다
그날 밤 집집마다 모과빛 장지문에는
뒷물하는 아낙네의 실루엣이 비쳤다

다음날 새벽 잠에서 깬 이장이
밖을 내다보다가, 앗!, 소리쳤다
우편함과 문패만 빼꼼하게 보일 뿐
온 천지가 흰눈으로 뒤덮여 있었다
하느님이 행성만 한 떡시루를 뒤엎은 듯
축사 지붕도 폭삭 무너져내렸다

좆심 뚝심 다 좋은 이장은
윗목에 놓인 뒷물대야를 내동댕이치며
우주의 미아가 된 듯 울부짖었다
–주민 여러분! 워따, 귀신 곡하겠당께!
인자 우리 동네 몽땅 좆돼버렸쇼잉!

‘조은한우식당’ 별미는 유기농법으로 키운 야채맛!

대체로 향토식당이란 지역의 특산물과 고유의 조리법과 그 정성이 3요소로 결합된다. 이러한 콘텐츠로 3대째 한우식당을 이어온 윤동열씨가 있다. 그가 운영하는 **조은한우식당(041-331-1027)**은 산지에서 사육한 신선한 한우를 사용하기 때문에 육질이 부드럽고 소가 지닌 특유의 노릿한 냄새도 나지 않아 설렁탕, 갈비찜, 불고기 그 어느 것도 타음식점과는 차별화된 맛을 자랑한다. 쾌적한 환경에서 자란 한우를 사용하여 고유조리법으로 음식맛을 내고 있고, 게다가 정성까지 한데 어우러져 손님을 끌어 모으고 있다.

밥상에 오르는 채소들 또한 유기농법으로 키운 것으로 뒷맛이 개운하다. 많은 음식 가운데 갈비탕도 유명하지만 필자의 입맛에는 버섯전골이 제일이다. 지정 농장에서 배양한 버섯에 소고기의 살코기를 얇게 저며 넣고 고추와 후추, 양파 등을 적절히 넣어 불에 30분 정도 조리한다. 특히 양파를 많이 넣어서 육수가 개운하고 당면을 약간 넣어 달콤한 맛으로 미식가들에게 최상의 맛을 제공한다. 이 버섯전골에는 후춧가루가 중요역할을 한다.

우리나라에서 후추는 고추보다도 훨씬 먼저 식탁에 초대되었다. 이규경의 『오주연문장전산고五洲衍文長箋散稿』에 의하면 일찍이 제주에서 후추나무를 재배했다는 기록이 있다. 이는 약재로 쓰이기 위한 후추는 육식을 주로 하는 서양사람들이 고기를 저장할 때 지방산의 부패를 억제하고 고기의 신선도를 오래 지속시키는 비법의 하나로 사용되었다.

아마도 이러한 용도 때문에 고추와 함께 향신료로 손꼽혔을 것이다. 이 후추와 버섯과 양파의 육수는 조은한우식당 주인의 정성어린 손맛에 의해 재창조된 것이 아닐까 한다.

조은한우식당은 광시면 광시리 광시 파출소 건너편에 있다.

광시면에서 제일 오래된 약 40년 전통의 '일미식당'

고기는 건강이 염려되어 꺼려진다면 또 다른 맛의 명산지가 당신을 위해 기다리고 있다. 광시면에서 제일 오래된 **일미식당(041-332-1148)** 또한 광시만의 별미를 전해준다. 1970년대 초에 문을 연 일미식당은 광시시장이 번성했던 시절에 빼어난 음식솜씨로 인기를 얻었다. 인근의 맑고 투명한 무한천에서 싱싱한 민물고기를 직접 잡아 끓여준다고 하니 쉽게 마다하기가 힘들 것이다. 고춧가루의 풋풋함이 민물고기의 신선함과 더해져 깊은 맛을 우려내며 그러기에 이곳의 매운탕에 한 번 맛들이면 발길 끊기란 결코 쉽지 않다.

백제가 나당연합군에 의해 멸망한 뒤 백제 부흥군들이 들고 일어났는데 그들이 택한 거점이 바로 임존성이었다. 그만큼 임존성이 위치한 광시면 동산리는 험한 산세를 갖추고 있지만 그에 못지않게 풍경 또한 아름답다. 그래서 이 지역은 2009년 예산군으로부터 '사과체험마을'로 지정되어 펜션도 신축하는 등 새로운 광시 모습을 전국에 널리 알리고자 힘쓰고 있다. 이곳에서는 숙박도 자유자재로 해결할 수 있을 뿐 아니라 사과를 직접 재배하고 수확하는 체험도 즐길 수 있어 아이들에게 자연환경에서 얻는 수확의 소중함을 일깨워줄 수 있다.

‘매일한우타운’ 직영농장의 힘! 육사시미의 감칠맛

광시의 시장 광시장에서 사실 빼놓을 수 없는 먹거리가 바로 우리민족 역사와 오랫동안 함께 해 온 전통한우이다. 광시 주변의 예산군 일대는 풀이 곱게 잘 자랄 뿐더러 비봉산과 예당저수지의 기운이 어우러져 맑은 공기와 청정한 환경 탓에 소를 키우기에 제격인 환경으로 널리 알려져 왔다. 이런 풍경 아래 오늘날 전국에 널리 알려진 ‘광시한우마을’이 등장했다.

광시한우마을의 시작점이라 할 수 있는 매일한우타운(041-332-1960)은 광시면에서 가장 큰 규모의 한우농장을 소유하였기에 단연 으뜸이라 할 수 있다. 1982년에 정육점으로 문을 연 이 식당은 소고기 특유의 고유맛을 잘 살리면서도 비린내를 제거하여 강하면서도 부드러운 육질을 우리에게 선사해준다. 특히나 한우의 절정이라 할 수 있는 꽃등심이 지글거리는 소리가 귓가를 스치면 침을 꿀꺽, 삼키지 않을 수 없다. 육사시미 또한 매일한우타운의 별미라 할 수 있다. 간장에 깨와 소금을 쳐 간을 해 소고기 특유의 비린내를 잡음과 동시에 깔끔한 맛을 그대로 살렸다. 육사시미는 보통 재료보관의 문제 때문에 냉기로 가득하거나 아니면 지나치게 따뜻해 육질의 질긴 맛을 살리지 못하는 경우가 대부분인데 이곳의 육사시미는 이런 다른 육사시미들과는 다른 강점을 보여준다. 이것이 바로 직영농장의 힘일지도 모른다.

28년 역사의 광시 한우마을의 자존심과 명성을 지켜가는 '양지정육점'

2005년에 문을 연 **양지정육점(041-333-6040)**도 광시 한우마을에서는 매일한우타운과 더불어 양대 정육식당으로 널리 알려져 있다. 양지정육점의 특색이라면 아무래도 정육점의 특색답게 각 부위별로 신선한 소고기를 즉각적으로 제공받을 수 있다는 점에 있다. 그만큼 소고기 부위의 선택 폭이 넓어 우리가 소고기하면 떠오르는 등심뿐 아니라 토시살, 살채살, 부채살 등을 즉석에서 맛보아 소고기에 대한 나름의 편견을 깨트리기도 쉽다. 가격 또한 저렴할 뿐 아니라 육사시미에 천엽 등 추가서비스도 많아 고객들의 호평을 절로 사고 있다.

광시한우마을의 지속적인 발전을 위해 광시인들은 작은 직영점을 열기에 그치지 않고 '광시한우영농조합법인'을 열어 그 신뢰를 더해주고 있다. 이들은 조합원간의 친목과 화합을 도모하는 한편 품질 좋은 한우 사육을 위한 공동의 연구노력, 양질의 한우고기 판매와 제공을 통한 선의의 경쟁을 위해 노력해오며 28년 역사의 광시한우마을의 자존심과 명성을 지켜가고 있다.

공주

곰나루설화에 얽힌 '공주'
우금치전투, 일제강점기 속에 빛바랜 도시

공주 곰나루

금강의 물이 남동편으로 휘어돌고
연미산이 올려다 뵈는 한갓진 나루터
공주의 옛 사연 자욱하게 서린 곳
입에서 입으로 그냥 전하여온 애틋한 이야기
아득한 옛날 한 남자 큰 암곰에게 붙들리어
어느덧 애기까지 얻게 된다.
허나 남자는 강을 건너버리고
하늘이 무너져 내린 암곰
자식과 함께 강물에 몸을 던진다.
여긴 물살의 흐름이 달라지는 곳이라
배는 자주 엎어지곤 하였다.
곰의 원혼 탓일까
사람들은 해마다 정성을 드렸는데
그 연원 멀리 백제에까지 걸친다.

공주의 옛이름 웅진, 고마나루
그 이름 여기에 아직 있어
백제 때 숨결을 남기고 있다.

– 웅신단비熊神壇碑 중

북쪽에서는 미호천이 내려오고 남쪽에서 금강이 만나 서쪽으로 물을 터주며 계룡산 산세가 이어져오며 물과 땅이 만나는 곳이 공주라고 할 수 있다. 얼핏 보면 백제의 다른 옛 도읍인 부여와 그리 다를 바가 없어 보이기도 하지만 공주에는 공주만의 독특한 설화가 전해져 내려온다. 곰이 단군신화에만 모습을 드러내는 건 아니다.

머나먼 옛날, 공주公州가 아직 공주라고 불러지기 전, 공주에 한 사내가 살고 있었다. 이 사내가 하루는 인근 연미산에 놀러갔다가 길을 잃고 배가 고파 바위 굴속에 쉬고 있던 중 한 처녀를 만났다. 사내는 처녀와 굴속에서 하룻밤을 지내며 부부 연을 맺고 며칠을 보내게 되었다. 그런데 매일 음식을 가져오는 처녀의 정체가 의심스러워 뒤쫓아가보니 처녀가 곰으로 변해 사슴을 잡는 게 아닌가. 사내는 처녀가 곰이란 걸 알아차리자 도망치려 했지만 끝내 처녀에게 붙잡히고 말았다. 처녀는 사내를 너무도 사랑한 나머지 사내가 자신 곁을 떠나지 못하도록 사내를 바위 굴속에 가두고 함께 살며 자식까지 둘을 낳았다.

어느 날 암곰이 바위굴을 열어놓고 나간 틈에 사내는 금강을 헤엄쳐 건넜다. 뒤늦게 이를 알고 쫓아 나온 암곰이 멀리서 자식을 들어 보이며 마음을 돌리도록 호소했지만 이 사내는 뒤돌아보지 않고 매정하게 자기 집으로 돌아가버렸다. 남편에게 버림받았다는 절망감을 이기지 못한 암곰은 어린 자식들을 끌어안고 금강에 뛰어들어 자살하고 말았다는 애달픈 전설이다.

그런데 그일이 있고부터 금강을 건너는 나룻배가 유난히 풍랑에 뒤집히는 일이 많아지자 사람들은 갑작스런 변고가 일어나는 원인을 궁금해했고 암곰의 슬픈 사연을 떠올리게 되었다. 그리하여 억울하게 죽은 암곰 넋을 기리고자 나루 옆에 사당을 짓고 제사를 지냈다고 한다. 그래서 공주땅을 곰내, 웅진 또는 곰나루라고 부르며 1972년에는 이 나루에서 돌로 새긴 곰상이 발견되면서 그 자리에 곰사당인 웅신당熊神堂을 지어 모시게 되었다는 얘기이다.

보물창고 속의 공주

그러고 보면 공주시는 대한민국 중앙부 심장에 위치한 시市이다. 동쪽으로 대전, 세종특별자치시가 서쪽으로 예산군, 청양군이 남쪽으로는 계룡시 부여군이, 북쪽으로는 아산시 천안시가 맞닿아 있다. 이 시의 중앙으로 금강이 흐른다.

삼국시대에는 웅진으로 불렀고 백제의 수도였다(475~538). 남북국시대에는 웅천주라고 칭했다가 고려 태조 23년 처음으로 공주라는 명칭이 사용되었다. 고려 성종 2년에 12목이 설치되었는데 충남지역에서 유일하게 목으로 승격되었다. 고려 현종이 거란의 침입을 피해 곰나루를 건너 이곳 공주에 머물다 간 곳이기도 하다.

여기서 잠시 고려 제8대 임금 현종(재위 1009~1031)에 대해 언급하고자 한다. 30여 년을 고려왕으로 재위하면서 두 차례에 걸쳐 거란침입을 받았지만, 이를 잘 극복하며 슬기롭게 고려문화를 발전시킨 왕으로 평가받고 있다. 현종이 공주를 방문한 것은 거란침입을 피하는 과정에서 1011년 1월 공주를 거쳐 나주까지 피란했을 당시였는데, 상경도중 공주에서 5박6일 머물기도 했다. 짧은 기간이지만, 현종이 공주에 머물면서 그 인연으로 공주절도사 김은부의 딸 3명이 모두 현종 비로 간택되었다.

훗날 그 자녀 중 3명이 왕으로, 2명이 다시 왕비가 되고 보니, 거란침입을 피하여 현종이 공주에 머물던 기간은 고려역사 계보를 잇는 또 하나의 분기점이라 하겠다.

현종은 왕이면서 시인이기도 했다. 당시 공주에 잠시 머물면서 마음의 시름을 달래며 공주를 예찬하는 시 한 수를 남겼다. 공주시에서는 현종 공주파천 1000년을 기념하여 2011년 1월 공주한옥마을에 현종기념비를 세웠다. 추가로 같은해 2월 조선 인조의 공주파천기념비도 세워졌다. 이번 기념비 건립에는 공주시 보조금은 물론이고 1000명의 공주시민 모금이 뒷받침되어 더욱 의미가 깊었다. 기념비석에는 공주에 대한 현종 시가 오롯이 담겨 있다.

> 일찌기 남쪽에 공주라는 곳이 있다고 들었는데
> 선경仙境의 영롱함이 길이길이 그치지 않도다
> 이처럼 마음 즐거운 곳에서
> 군신群臣이 함께 모여 일천 시름 놓아본다

공주는 충청도 감영 소재지로 충청도의 중심지(1602~1895)였다. 그렇다. 공주는 동학군들이 집결하여 대격전을 벌인 곳이다. 1894년 전봉준의 동학군은 공주 우금치에서 관군과 일본연합군에 맞서 대전투를 폈다.

그러나 이 우금치전투에서 동학군은 참혹하리만큼 대패했다. 당시 우리 동학군의 무기라 해봤자 낫과 곡괭이 정도였고, 이러한 농기구로 신무기를 소지한 관군과 일본연합군을 당해낼 재간이 없었다. 우금치전투로 동학농민군은 1만 여 명이던 인원이 2차 접전 후 3,000여 명으로 줄었고, 500여 명 남은 시점에서 참패하고 후퇴할 수밖에 없었다. 결국 우금치전투는 동학혁명 종말을 알리는 처참한 전투로 기록된다.

공주 우금치에 있는 동학혁명군위령탑
사적 제387호. 1894년 동학혁명군은 공주 우금치에서 관군 및 일본연합군과 치열한 전투 끝에 전멸의 최후를 맞았다. 1973년 천도교 공주교구에서 동학혁명군 넋을 기리기 위해 건립한 탑.

빼앗긴 들에도 봄은 오는가, 일제치하 36년 암흑기. 이 기간 동안 공주 또한 안녕하지 못했다. 일본은 공주에 철도가 부설되면 금강의 수운水運이 쇠퇴한다는 판단에 따라 도청을 대전으로 옮겨갔고, 이후 공주는 빛바랜 도시의 흔적으로 남게 된다.

공주의 대표적 명소라면 계룡산 국립공원과 마곡사 장승공원, 금강 자연휴양림 등을 들 수 있다. 고속버스와 시외버스가 30분마다 있다.

공주는 교육도시로서도 품격을 지니고 있다. 대표적으로 공주교육대학교와 공주대학교를 들 수 있겠다. 그래서인지 자연스레 주위 지인 중 학문 · 예술 · 문화 등 각양각색의 분야에서 두각을 나타내는 인물들이 많다.

민들레

마당에
노란 민들레가 피었다

전쟁도 아닌데
간밤에 낙하산 부대가 내려왔다

사뿐히
은밀히 숨으라는 명령에 따랐다

총성은 없었다
더는 머물 이유가 없어 복귀하기로 했다

가볍게 가볍게
짐을 꾸려라

낙오가 되면 어떡하느냐고
한 병사가 애걸복걸한다

깃털의 준비는 끝났다
출발이다

표표히 공중으로 올라갔다
가벼워서 좋았다.

– 임강빈 시집 『집한채』 중

공주에서 만난 인물-김의광 목인박물관장

프란츠카 여사로부터 받은 선물

십장생十長生 병풍 이화여대박물관에 기부

필자에게 유명 맛집으로 미마지식당을 추천해준 분은 외지 서울손님이다. 이분은 전 서울시 박물관협회회장이자 서울 인사동에 있는 목인박물관 관장직을 맡고 있는 김의광이다. 그가 미마지를 자주 찾는 데는 공주의 토산품인 밤을 특화음식으로 내세우고 있기 때문이 아닐까, 어렴풋이 짐작하고 있다.

둘째는 예부터 전승된 명가의 고유한 맛이 일품이기 때문이며 셋째로는 김의광 자신처럼 나눔생활에 앞장서는 공주민속극박물관장 심하용씨의 선행과 그 열정이 맞물려 있기 때문이리라 헤아려본다.

김의광씨는 우리나라 굴지의 화장품회사의 고급간부를 지냈다. 아버지가 리승만 정권시절 상공부장관을 지냈다. 그런 그는 아버지가 내려주신 조선왕실 십장생十長生 병풍을 영부인 프란츠카 여사로부터 선물받았다. 이것은 고故 리승만 대통령 묘지를 돌본 것에 대한 프란츠카 여사의 마음이 담긴 선물이었다. 그런데 김의광씨는 혹시나 우려 때문일까 그런 문화유산을 소지한 후 형제자매가 재산권문제로 소송하는 추악한 모습이 떠올랐다고 한다. 그래서 아버지와 상의 끝에 이화여대박물관에 아무 조건없이 이 병풍을 기부하여 훈훈한 문화재사랑의 본보기를 몸소 보여준 분이다. 그런 그의 선행을 한국박물관계에서는 공공연한 비밀로 기억하고 있다. 정직과 신뢰를 생명으로 여기는 김관장의 선행은 배꽃동산의 미담美談처럼 후일담으로 전해질 것이다.

목인박물관장 김의광이 추천하는 공주의 '미마지'

200년 된 공주 전통명가의 음식을 전수 받은 미마지 도영미 대표

'미마지味摩之'라는 상호는 독특한 의미를 지니고 있다. 세상의 보물창고라는 공주민속극박물관에서 운영하는 곳으로 '미마지'는 예술인으로서 백제문화를 일본에 전파한 사람이름이기도 하다. 이러한 인물이름을 음식점 상호로 이용한 점부터 매우 독특하다.

청송 심씨가 200년 전에 이곳 공주에 정착한 이래 종가宗家 전통명가의 음식솜씨를 손수 전수받았다. 도영미 대표는 음식점이름을 널리 알리는 것보다 내실 있고 정성스럽게 이 고장 전통음식문화를 전승 · 전파하는 데 큰 목적을 두고 있다고 했다. 자신은 유학자 후손으로, 명예에 걸맞는 상차림은 오랜 세월 아름다운 앙금처럼 승화되었다고, 겸손히 귀띔한다.

이 미마지의 상차림 메뉴는 소민전골정식, 공주소반(나물밥정식), 연잎밥정식이다. 그리고 수율정식, 공주가면정식, 공주장국 밥정식 등이 있다.

소민정식전골은 고故 심이석 옹의 아호雅號를 빌려 이름을 부여한 각별한 식단 중 하나이다. 일반인들이 정하기 힘든 신선로를 가정에서도 특별메뉴로 쉽게 해먹을 수 있도록 구성한 식단 메뉴이다. 무와 쇠고기, 버섯 등이 어우러진 국물 맛이 신선하다. 전골 속에 계란을 넣어 반숙으로 꺼내먹는 맛이 독특하다. 지진 두부에 고기를 넣고 마주를 붙여 미나리로 묶은 것을 넣기도 한다. 이는 영양가는 물론 격조 높은 음식으로도 인정받고 있다.

공주소반은 청명清明이나 한식寒食 때의 세시음식歲時飮食으로 제공하던 식단이다. 연잎정식은 도영미 대표가 직접 레시피를 제공한 상차림으로 공주별미인 밤묵을 맛볼 수 있는 음식이다. 수율정식은 공주대표 특산물인 밤을 이용한 정식으로 가장 향토적 밥상이다. 여기에 올라오는 제철나물들은 도대표가 직접 키우고 가꾼 유기농 농산물이다.

60년 된 공주만의 국밥집인 '새이학가든'

이제 맛집이다. 공주의 정취, 전통을 맛보기 위해서라면 60년 된 공주만의 국밥집인 **새이학가든**(041-854-2030)을 찾길 권한다.

본래 이학식당이었지만 이후 새로운 내부공사를 거쳐 새이학가든으로 거듭났다고 한다. 이집은 역대대통령들이 다녀간 맛집으로 유명하다. 그래서일까, 매년 공주맛집으로 선정될 정도로 그 명성과 인기가 자자하다. 웬만한 시간대에는 대기번호를 받고 기다려야 하니 반드시 미리 가서 예약하도록 하자. 가장 인기있는 음식은 '석갈비'와 '공주국밥'으로 석갈비는 한우를 정성스럽게 간장양념에 절인 뒤 구워서 뜨거운 돌판 위에 올려 대접해준다. 그래서 오랜 온기를 간직한 고기를 따끈따끈하게 먹을 수 있다.

석갈비가 지글거리며 오감을 자극하며 다가올 때 침이 절로 넘어간다. 이때 주의할 것은 돌판이 매우 뜨거우니 타지 않도록 적당히 뒤집어주어야 한다는 점. 적당히 익은 시점에서 가위로 잘라먹으면 목구멍을 살살 넘어가는 살점 맛에 넘어가지 않을 자 없다.

또한 도토리묵무침에 연근, 물김치, 버섯볶음 등 풍성한 밑반찬은 기본적 식욕을 돋우는 데 충분하다. 새이학가든의 또다른 음식인 따로국밥은 밥과 국이 따로 나온다고 해서 붙여진 이름으로 시골전통 장터국밥맛을 그대로 맛볼 수 있다. 약간 붉은 육수에 파가 송송 떠다니는데 파가 많아 약간 단맛이 나긴 하지만 파를 즐기는 사람이라면 도리어 감칠맛을 느낄 수 있다. 사태도 푸짐하니, 그만이다.

돼지전지살 수육에 붉게 타오르는 낙지맛이 일품인 '예일낙지마을'

공주의 또 다른 맛집으로는 공주산성시장에 위치한 **예일낙지마을(041-852-7895)**. 이 음식점은 낙지전문점으로 유명하다. 낙지라면 자고로 서해안 갯벌에서 잡힌 낙지가 제맛인데 공주는 서해안과 가까울 뿐 아니라 주변이 푸른채소들이 잘 자라는 비옥한 지대이기에 예서 자란 채소와 양념을 버무린 낙지맛은 일품이다. 게다가 돼지전지살을 삶아 만든 수육에 붉게 타오르는 낙지를 올리고 콩나물과 참기름에 버무린 잔파를 올려 한 입에 먹으면 그 묵직한 목넘김이 부담스럽기는커녕 황송할 따름이다.

이 음식점만의 별미로는 '황제탕'이 있는데 황제라는 이름에 걸맞게 기본 백숙에 전복, 대하, 낙지를 투하시켜 엄나무, 오가피, 은행, 마늘, 녹각, 대추, 인삼, 밤 등 각종 한약재를 넣어 보양음식으로 충분하다. 게다가 특별한 양념을 하지 않고 음식 본연의 향이나 맛으로 간을 하여 시원한 국물맛을 내다 보니 입맛이 깔끔하기 그지없다. 식사 전 미리 나온 '부침개'는 부추를 갈아 넣어 얇게 부쳐 향긋한 기름향이 배어 있어 식사하기 전 식감을 자극한다.

논산

계백 정기 어려 있는 황산벌 '논산'의 또 다른 향취!
- 견훤왕릉, 돈암서원, 쌍계사 칡넝쿨기둥

계백 장군

"당과 신라의 대군을 대적하자니,
나라의 존망을 알 수 없도다.
나의 처자가 붙잡혀 노비가 될지 모르니
살아서 치욕을 당하기보다
차라리 죽는 게 낫겠다."
말을 마친 계백은 그 자리에서 처자를 모두 죽였다.
의자왕 20년(660) 나당연합군 5만 병력이
탄현과 백강으로 쳐들어온다.
결사대 5,000명을 이끌고
계백은 황산벌에서 군사들에게 이른다.
"옛날에 구천句踐은 5,000명 군사로

오吳나라 70만 대군을 쳐부쉈다.
승리하여 나라에 보답하라."
계백이 이끈 부대는 신라의 김유신이 이끄는
5만 군사를 맞아 네 차례나 승리한다.
사기를 잃은 신라는 어린 화랑 관창과 빈굴을
백제 진영에 보내고
화랑들의 죽음에 힘입어 사기얻은 신라군은
계백 군대를 전멸시킨다.
사비성이 함락되자 백제는 물론이고
고구려도 멸망에 이른다.
조선유학자 서거정은 계백을 일컬어 칭송했다.
'나라와 더불어 죽은 자' 라고.

논산 하면 떠오르는 건 아무래도 황산벌의 계백이나 대한민국 대다수의 남성들이 청춘을 바치는 훈련소일 수밖에 없다. 하지만 논산을 훈련소와 계백으로만 기억하기에는 아무래도 아쉬운 점이 있다. 논산은 지역적으로는 호남평야와 접해 평탄하여 오래 전부터 전라도와 함께 백제의 일부를 이루어왔다. 논산 가까이에 후백제의 왕 견훤(?~936) 왕릉이 있다.

아마 가보면 알겠지만, 왕릉이라 하기에는 초라하고 더러 쓸쓸한 느낌도 준다. 견훤은 상주 가은현에서 아자개의 아들로 태어나 서기 900년에 완산을 도읍으로 정하고 후백제를 세워 후삼국 중 가장 큰 세력으로 성장시킨 왕이다. 그러나 역시 견훤은 비운의 왕이다. 막내아들 금강을 너무 사랑한 것이 죄였다. 금강에게 왕위를 물려주려 하자 큰아들 신검이 아버지 견훤을 절에 가둔 뒤, 배다른 막내동생 금강을 죽이고 왕위에 오른다. 분노한 견훤은 탈출하여 왕건에게 도움을 청하고 왕건과 함께 후

백제를 공격한다. 이렇게 원수지간이 되어 아버지와 아들이 맞서싸우니 후백제도 헛되이 몰락한다. 결국 견훤이 이루려던 삼한통일의 꿈은 저멀리 스러지고 견훤 또한 역사의 뒤안길로 사라진다. 원래 영광된 죽음이 아니면 그 훗날의 자취, 흔적 또한 미미하다. 견훤의 무덤이 세워진 것은 1970년 견씨문중에 의해서였다. 이들은 견훤의 뜻을 받들어 「후백제왕 견훤릉」이라는 비를 세웠다.

견훤왕릉 『동국여지승람』에 전한다. "견훤의 묘는 은진현의 남쪽 12리에 떨어진 풍계촌에 있는데, 왕묘, 왕총이라고 기록되어 있다. 견훤 임종시 "완산이 그립다" 하여 이곳에 무덤을 썼다. 실제로 맑은 날, 저멀리 전주 모악산이 보인다. 견훤왕릉은 논산시 연무읍 금곡리 산18-3에 있다.

이렇게 견훤의 죽음 못지않게 역사 속 사건이 살아숨쉬고 있는 논산은 지리적으로도 남다른 의미를 지닌다. 계룡산이 병풍처럼 휘두르고 있어 험준한 지형을 동시에 갖추고 있다. 우리가 잘 알듯 계룡산은 험한 산세를 자랑하기에 외부로부터 격리된 공간에서 깊은 고독과 사색이 움트며 신종교적 운동의 발상지로 떠오른 지역이기도 하다. 『정감록』뿐 아니라 불교와 동학도 계룡산 일대에서 크게 일어나며 이상향적 운동으로 발전한 만큼 논산만의 독특한 문학과 문화를 창출하는 데 기여했다.

돈암서원 1634년(인조 12)년 창건된 돈암서원. 1660년(현종 1)에 '돈암遯巖'이란 이름의 사액을 받았다. 1881년(고종 18) 서원 지대가 낮아 홍수시 뜰 앞까지 물이 차므로 지대 높은 현재의 위치로 이건되었다. 돈암서원은 양성당을 모체로 건립되었고, 서원의 규모와 건물배치는 김장생이 창건한 강경에 있는 죽림서원(옛 황산서원)을 본뜬 것으로 알려져 있다. 서원 안에는 강당인 양성당, 사당인 숭례사, 동재와 서재, 응도당, 장판각, 정회당, 산앙루, 내삼문, 외삼문, 하마비, 홍살문 등이 있다. 사적 제383호. 충청남도 논산시 연산면 임리 74에 위치.

예컨대 조선시대에 이르러 논산지역은 선비문화와 예학으로 조선시대 삶의 정신적 지주 역할을 했다. 특히 연산의 광산김씨, 노성(나산)의 파평윤씨, 우암 송시열 등의 호서 3대 사족으로서 기호유학를 형성하며 후기에는 기호예학의 중심지가 되었다. 김장생, 김집, 송시열, 송준길, 이유태 등이 이곳에서 배출된 인물들이다.

이들 유학자 중 김장생(金長生, 1548~1631)은 이율곡의 수제자이며 송시열은 김장생 제자로서 예학의 계보를 잇는다. 논산의 돈암서원은 바로 김장생을 따르는 후학들이 예학을 논하던 중요 거처이다.

김장생은 평소 예와 효를 기본으로 하는 관혼상제 예법을 중시했다. 그는 "예가 아닌 것은 효를 다했다고 볼 수 없다"며 예의 실천을 강조했다. 또한 "인간이 어질고 바른 마음으로 서로 도와가며 함께 더불어 살아가려면 각 개인의 행동에도 일정한 규칙과 질서가 필요하다"면서 모든 정신과 행동의 근본은 '예'라고 보았다. 52세(1599) 되던 해 김장생은 조선시대 관혼상제 예법을 담은 『가례문집』을 집필하여 전하고 있다. 돈암서원은 1634년(인조 12) 예학을 집대성한 김장생의 사상과 덕망을 따르는 후학들에 의해 건립되었고, 창건과 함께 조선중기 이후 우리나라 예학 산실로 중추적 역할을 했다. 흥선대원군이 서원철폐령을 내릴 당시에도 존속한 서원 중 하나이다. 인조, 현종, 고종을 거치며 오늘날에 이른 돈암서원에는 조선시대 예학의 품격이 배어나온다.

그렇다면 오늘날 논산 태생의 인물로는 누가 있을까. 소설가 박범신(1946~)을 손꼽아본다. 그는 논산 출신으로 80년대 초 잘나가는 소설가로서 부와 명성을 거머쥐지만, 민주화물결이 일던 당시 시대현실을 외면했다는 이유로 자책감에 시달리고 작가로서의 활동을 접는다. 그러나 최근 몇 년 고뇌와 번민, 극단의 순간을 이겨내며 활발한 활동을 벌이고 있다. 최근 발표한 소설 『소금』에 주목한다.

스스로도 작품에 대해 밝혔듯 『소금』은 평범한 우리 아버지가 주인공이다. 그 옛날의 아버지들과는 달리 오늘날의 아버지들은 밥벌이 때문에 자식들 앞에서 마냥 당당해질 수 없는 자본주의적 생리구조 속에 있다. 오늘날의 아버지들은 인생의 온갖 짠맛을 보면서도 도피만이 살길이라며 선택의 여지없이 주어진 삶에 복종하며 비겁하게 살아왔는지 모른다. 박범신은 자본의 폭력 앞에 무방비하게 노출된 아버지의 비겁한 삶에서 이야기를 시작한다. 필사적으로 자본과 가정으로부터 철저히 버려진 아버지세대를 위한 변호에 나선다. 물론 이야기의 도정 끝에 생명에 대한 사랑과 윤리가 자리잡아 있다. 그조차도 시인했듯 소설 속에서 다소 '발언에 대한 욕망'을 표출하고 있음을 어렴풋이 느끼게 된다. 무언가 정치적이며 사회적인 메시지를 은연 중 내비치고 있다는 인상도 준다. 그건 어쩌면 당연한 일인지 모른다. 이제 소금맛처럼 짜기만 한 이 부조리한 자본주의 현실에 과감히 대면하기로 결심한 그 또한 소금처럼 짜게 나설 수밖에 없다. 소설로 '소금'을 쓰기 위해서는 소금이 되어야만 하는 것.

그는 젊었을 때 문학은 "목매달아도 좋은 나무"라는 말을 자주 했다고 전한다. 몸소 이를 실천하며 때론 삶의 극단에까지 이르렀던 소설가 박범신이 오늘날 우리에게 어떤 길을 제시해줄 것인가. "모든 것이 끝나는 곳에 길이 있다."고 그가 말한다. 우리는 작가로서 오랜 세월 고뇌를 통해 나온 이 말에서 인고의 세월을 견뎌온 우람하게 우뚝 서 있는 나무를 발견한다.

쌍계사의 칡넝쿨기둥에 얽힌 비화

논산은 또한, 칡으로도 유명하다. 이와 관련된 설화가 있다. 쌍계사雙溪寺는 역사적으로는 고려 초기에 관촉사 '석조미륵보살입상'을 건립한 혜명慧明 스님이 창건했다고 전한다. 다른 일설에 의하면 옥황상제의 아들이 하늘에서 내려와 절터를 잡아 건립했다고 전한다. 그만큼 풍수지리상 여건을 논할 여지없이 쌍계사는 명소가 분명하다. 맑은 물이 콸콸 흐르는 계곡에서 산능선과 함께 어우러져 굽어진 소나무들은 재밌는 이야기 또한 간직하고 있다.

쌍계사에 얽힌 이야기만큼 맛집에 어울리는 이야기도 없다. 머나먼 옛날 옥황상제가 산수가 수려한 곳에 절을 한 채 지어볼 결심으로 아들을 인간세상으로 내려보냈다. 옥황상제의 아들은 하늘에서 산세를 본 뒤 현재 논산의 어느 산 아래로 내려왔다. 쌍계사를 세울 때 한 장인이 거대한 칡넝쿨을 대웅전 기둥용으로 베어왔다. 그는 태백산 깊은 곳에서 수백년이 넘은 칡넝쿨을 보고 대웅전 기둥으로 사용해도 손색없다고 판단한 것이다. 그러나 주변사람들은 어떻게 칡넝쿨을 법당기둥으로 사용할 수 있느냐며 불가하다는 입장을 보였다. 그때 옥황상제 아들이 말했다.

"저기 칡넝쿨을 대웅전 기둥으로 사용합시다. 저 기둥에는 신비한 기운이 서려 있습니다. 칡에는 단단한 실이 나오는 것을 여러분은 알 것이요. 예로부터 실은 오랜 수명을 상징합니다. 그러니 칡넝쿨 기둥을 안고 돌면 무병장수하고 왕생극락할 수 있을 것입니다."

이렇게 해서 칡넝쿨기둥은 대웅전 좌측에 세워졌다. 옥황상제의 아들 명에 의해 칡넝쿨기둥이 세워지자 많은 신자들이 이 기둥을 안고 돌며 무병장수를 기원하고 소원을 성취했다. 이 소문은 전국으로 퍼져나갔고 특히 윤달이 드는 해에는 더 많은 불자들이 몰려와 인산인해를 이뤘다.

요즘도 쌍계사에는 이 칡넝쿨기둥을 돌며 자신의 소원을 비는 불자들 발길이 끊이지 않고 있다.

이 칡나무기둥을 안고 돌고 싶구나.
특히 윤달이 들은 해에 이 기둥을 안고 돌면
죽을 때 고통을 면한다 하니,
한 번을 안고 돌면 하루를 앓다가,
두 번을 안으면 이틀을,
그래도 3일은 앓다가 가야 서운하지 않다 하여
오는 사람들마다 세 번은 안고 간다는
이 칡나무기둥을 한 번 품에 안아보고 싶구나.

논산 쌍계사 칡나무기둥 우리나라에서 쌍계사 하면 경남 하동군의 지리산 쌍계사를 떠올릴 것이다. 전각만 해도 수십 채에 이르는 지리산 쌍계사에 비하면 충남 논산의 쌍계사는 작고 소박한 사찰에 속한다. 그러나 국가지정 보물 제408호인 대웅전은 특이한 건축양식으로 사랑받고 있다. 일단 대웅전 건물의 정면과 측면 비율이 2:1인 것도 특이하고 무엇보다 대웅전 기둥 중 하나가 굵은 칡나무로 이루어졌다는 것이다.

논산인물 – 김인수 대령

뛰어난 인격에 어버이 같은 분 김인수 대령

김인수 대령은 지智 · 덕德 · 용勇을 육화肉化시킨 분이다. 지휘자로 엄하면서도 부드럽고 부드러우면서도 덕이 있다. 그래서 그를 주목하게 된다. 그의 취미는 독서애호가로서의 차원을 지나 마니아 단계에 도달했다. 동서양 고전을 통달하면서도 국내외 신간서적의 흐름을 파악하고 있어 섣부르게 논쟁걸면 망신당하기 십상이다. 필자로서는 그가 베트남참전 소설연구 논문을 쓴 육사출신 44기라는 점이 그에 대해 아는 전부였다.

그런데 그가 연대장으로서 휘하 장병부모님에게 보낸 인터넷 서신과 댓글에서 그의 국가관 · 장병관 · 인생관을 파악하게 되었다. 이제 그것을 넘어 애정어린 우정관계로 발전했다. 그는 사물을 식별하고 인생과 자연을 살펴보는 탁월한 직관력을 지닌 재목이다. 이 점에서 마음 든든하다. 그를 만나면, 무릇 무인武人이 학자의 인성을 지니면 절반의 전투는 이긴다는 글귀가 새롭게 떠오른다. 그는 오늘도 자식을 맡긴 어버이 심정을 헤아리면서 인터넷으로 군사우편을 쓰고 있으리라. 부지런하고 검소하면서도 탁월한 지도력으로 그는 2013년 문화 · 예술인상 수상자로 병영문화를 개혁한 유공자로 상을 받았다. 그의 앞날은 오직 조국과 장병에 있음을 뼈저리게 느끼게 한다. 충성!

논산맛집

마와 오골계를 접목시켜 특허증까지 받은 명품음식점 '노산마백숙'

쌍계사를 찾는 불자들의 발길은 비단 절에서만 그치지 않고 맛집으로도

이어지며 논산맛집의 명성을 지켜주었다. 위의 설화에서도 알 수 있듯 논산에는 칡과 마처럼 뿌리째 먹는 식물들이 그만의 고유한 특색을 지니며 각광을 받아왔다. 그래서인지 논산에서 칡과 마를 이용한 요리를 쉽게 찾을 수 있다.

논산은 조선시대부터 임금님께 오골계를 진상해온 고장으로 이름이 높다. 특히 연산 화악리 오골계는 천연기념물로까지 지정되었다. 이는 화악리 오골계가 한국전통 오골계의 혈통을 계승한 적통이기 때문이다. 유독 화악리에만 오골계가 잘 자라며 혈통이 유지된 데에는 의견이 분분하다. 풍수연구가들에 따르면 산의 기세가 오골계 침입을 지켜주었다고 전한다. 이들의 의견을 비단 미신으로 치부하기에는 지리학자들 또한 험난한 산세, 뒤로는 계룡산이 길게 뻗어 있고 앞으로는 천호산이 계룡산을 따라 흐르기에 오골계의 핏줄이 보존될 수 있었다고 말한다.

천호리와 화악리 일대에는 수많은 오골계 음식점들이 있지만 **노산마백숙(041-734-2404)**은 마와 오골계를 접목시켜 특허증까지 받은 명품음식점으로 손꼽히고 있다. 안동에서 직접 구해온 마를 갈아 백숙에 함께 넣어 끓이기 때문에 백숙은 마 특유의 고소한 향과 백숙의 그윽한 오골계 특유의 향을 자아낸다. 특히 오골계 피부가 검다보니 하얀 마 속에서 더욱 윤기가 흐른다. 오골계는 본래 궁중에서 진상되던 귀한 음식으로 약재용으로만 쓰였을 뿐 식용으로는 쓰이지 않았다. 그 이유는 검은 뼈의 기운이 너무 강해 식용으로 그대로 쓸 경우 속이 상할 수도 있다는 속설이 있어서이다. 그러나 오골계뼈는 일반 닭뼈만큼 우수 영양분이 골고루 들어 있어 골수에서 적혈구생성을 촉진시켜주고 부인병을 낫게 하는 효능이 크다고 한다. 안심하고 육수를 푹 고아 먹어도 된다. 대추와 삼, 잣이 잔뜩 들어가 어느 백숙에 견줄 데 없는 별미인데다가 마의 걸쭉한 느낌이 다른 백숙들과는 차원이 다른 미각을 선사해준다. 식사를 끝낸 뒤 제공되는 마즙도 별미이니 꼭 맛보길 바란다.

국산 쇠고기의 자존심을 지키는 식당, 황산벌한우마을

황산벌에서 최후를 마친 계백장군의 도시답게 **황산벌한우마을(041-736-4985)**은 수입산 쇠고기로부터 국산 쇠고기의 자존심을 지키는 식당이라 할 수 있다. 논산훈련소에서도 가까워 계백장군의 정기를 실어주기에는 안성맞춤 장소라 할 수 있다. 인근의 천호산이나 계룡산에서 채취한 버섯이 듬뿍 담긴 버섯불고기는 한마디로 한우와 버섯의 절묘한 결합이다. 산의 정기와 목장의 푸르른 생동력이 하나로 결합된 육수맛은 사람의 기운을 저절로 보양시켜준다. 지글대며 타는 갈비살이 고기판 위에서 애교부리며 춤추는 동안 뱃속에서는 저절로 천둥번개가 울려 퍼져 진동한다. 서리 내리듯 흰 지방이 어스러져 선분홍빛 살결에 틈틈이 숨어 있는 꽃등심은 촉촉이 그 핏물이 완전 말라, 가시기 전에 반드시 씹어줘야 제맛이다. 입가에 넘길 때까지 긴장을 늦추지 않고 천천히 이빨에서 씹히는 육질을 느낀다면 과연 황산벌까지 찾아온 자신을 후회하지 않고 자신의 탁월한 선택에 절로 보람을 느낀다.

곤드레밥과 올망대묵집 '웰빙밥상'

우리나라에서 채취되는 산나물은 대략 550여 가지로 조사돼 있다. 이 산나물은 주로 약선식물에 해당된다. 참나물 · 곰취 · 곤달비 · 원추리 · 도라지 · 더덕이 주요 식물에 손꼽힌다. 하지만 강원도사람들은 곤드레나물이 성인병 예방의 대표적 식물이라 주장한다. 곤드레나물은 주로 강원도, 충청북도 그리고 소백산 일부지역의 고랭지에서 재배되거나 채취되는 섬유질 식물이다. 요즘 말로 섬유질이 풍부하여 웰빙식물이다. 이런 곤드레를 뜯어다가 맑은 물에 씻어서 밥솥에 넣고 찐다. 특히 양력 4월에서 5월 초에 채취된 곤드레는 보드랍고 향기롭다. 이를 간장으로 양념장을 만들어 시금치, 부추, 도라지를 넣고 비비면 맛있는 비빔밥이 되어 문자 그대로 곤드레밥이 된다. 비빔밥 속에 넣는 소재는 가능하면 이른 봄에 캐낸 달래나 시금치를 넣으면 부드럽다.

미감이나 보약에 초점맞춰 양념을 넣으면 맛이 달라진다. 곤드레나물 비빔밥에 고추장을 넣고 비비면 텁텁해서 먹기에는 부담스럽다. 양념간장이라면 들기름의 그윽한 향과 양념이 음양으로 어울리며 맛깔스럽게 된다. 이외에도 강원도에서는 곤드레죽으로 쌀가루나 쌀보리를 넣는 경우가 있다.

요즘은 냉장보관이 발달해서 곤드레밥은 각처에서 별미로 각광받고 있다. 충남 논산시 연무읍 소룡리에 **웰빙밥상(041-742-8353)**이 있다. 이 집에서는 여러가지 음식이 있지만 특별메뉴로 강원도에서 채취된 곤드레밥을 별미로 제공한다. 다만 사전에 미리 예약해야 한다. 이와 함께 올망대씨앗으로 묵을 만들어 인기가 높다. 논에서 자라는 피식물로 우리가 말하는 올망대는 올맹이, 올부채라는 이름으로 지역에 따라 조금씩 다르게 말한다. 이 올망대가루로 묵을 쑤면 청포묵처럼 하얗다. 쫄깃한 식감이 고소하여 이것이 별미인 식당으로 알려져 있다. 굳이 강원도 산골이나 경상도 벽지가 아니라도 맛볼 수 있는 곳이다.

단 양

김홍도가 발길을 멈춘 '단양팔경'
삼국의 자취어린 '신라적성비'

도담삼봉 – 단양팔경의 1경

> 구담봉 머리 끝에 선학이 푸득인다
> 천 년을 물 속 도사린 큰 뜻이 우람쿠나
> 어느 제 하늘 갈련가
> 내 벗으로 예 머무는 거북
>
> – 조남두 「팔경가」 중

가을이면 단양팔경은 빨간색 물감을 뿌려놓은 듯 붉게 물들면서 한 폭의 수채화로 변한다. 단양팔경의 단연 으뜸이라면 도담삼봉을 손꼽을 수 있다. 도담삼봉의 경치에 반한 이들은 역사상에서 수두룩한데 조선을 설계한 정도전은 이 삼봉에 반해 자신의 호로 삼기까지 했다.

단양에는 정도전과 관련된 설화가 전해온다. 고려중엽 큰 장마 때 강원도 정선 땅에 있던 세 개의 봉우리가 영월 영춘을 거쳐 삼봉나루, 지금의 자리에 와서 물을 메워 더 이상 내려가지 못하고 정착하게 되었고 이 때문에 단양사람들은 해마다 산을 가졌다는 이유로 정선에 세금을 내야 했다. 한동안은 군말 없이 바쳤지만 불만이 나오기 시작했고 어린 정도전의 재기로 이 문제가 해결되었다. 정도전은 정선의 세리들을 불러 "어제 우리 마을에서 회의를 했는데 올해부터는 지세를 내지 않기로 했습니다." 라고 말하자 세리는 정도전의 당돌한 태도에 기막혀 하며 대뜸 이유를 대보라고 따졌다. 그러자 정도전이 다시 답한다.

"삼봉이 강원도에서 떠내려와 이곳에 머문 것은 여기 오라고 한 것도 아니요, 제 멋대로 온 것이니 이곳에서 아무 소용없는 봉우리에 세금을 낼 이유 없고, 삼봉이 그렇게 소중하다면 강원도 정선에서 도로 가져가시지 굳이 번거롭게 세금까지 거두러 여기까지 오실 필요는 없습니다."

그 말에 강원도 세리는 아무 말도 없이 되돌아갔다. 위 내용은 『충청북도 전설지』에서 발췌한 것이다.

단양출신의 인물들만 고향땅 단양에 매료되었겠는가. 이곳에 발길이 닿으면 누구든 쉬 떠나지 못했다는 기록이 많다. 동방의 주자로 불리던 퇴계 이황 역시 단양군수로 재직하던 시절, 삼봉을 보고 시 한 수를 남겼다.

산은 붉은 단풍으로 가득차고 물은 모래 빛으로 하얗고
山明楓葉水明沙

삼봉은 석양을 두르고 노을이 물드네
三島夕陽帶晩霞

신선은 배를 대고 곧게 뻗은 아름다운 절벽에 올라
爲泊仙槎橫翠壁

별빛 달빛으로 샘솟는 금빛 물결 보기를 기다리네
待看星月湧金波

수차례에 걸쳐 임금이 자신을 보필해달라고 청했지만 이를 거절하며 속세에 때묻기보다는 홀로 남길 원했던 이황이 굳이 단양군수직을 자청해서 맡았던 이유가 무엇인지, 우리는 이 시에서 이황의 감성을 헤아릴 수 있으리라. 자연의 순수한 형상을 마음에 그대로 담아 신선도 그 절경에 감탄하며 승화된 아름다운 모습을 운치 있게 보여주고 있다. 도담삼봉에 대해 설명하자면 명화백인 김홍도도 빠질 수 없다. 김홍도 또한 단양팔경을 둘러보며 매료되어 다양한 그림을 남겼는데 단양팔경에서 손꼽히는 도담삼봉을 마냥 지나치지 않았다.

김홍도의 도담삼봉

또한 단양이 낳은 최고 예술가로 시인 조남두(1927~)를 들 수 있다. 낭운浪雲이라는 그의 호처럼 물결처럼 구름처럼 그의 시는 자연에 대한 깊은 애정이 담겨 있다. 단양역 테마공원에서 우리는 그의 시비를 발견할 수 있는데, 이 시비에 실린 「팔경가에서」라는 그의 시에는 자연에 대한 섬세한 묘사가 담겨 있어 우리를 대자연으로 이끌어준다.

소매끝 도는 구름 두둥실 감기는 하늘
퇴계선생 기침소리 유곡산란 바람소리
상 중 하 신선바위
어깨춤 물굽이여

구담봉 머리 끝에 선학이 푸득인다
천 년을 물 속 도사린 큰 뜻이 우람쿠나
어느 제 하늘 갈련가
내 벗으로 예 머무는 거북

층층으로 줄이어 쌓인 옥순석병 훈풍결에
너풀너풀 풍류자락 날리며 송강을 대작할까
남한강 선경 감돌아 휘감기는

이렇듯 단양 하면 제일먼저 떠오르는 것이 단양 8경이다. 단양을 흐르는 남한강 강물은 북쪽의 영월로부터 동서로 관류한다. 이렇기에 정선의 삼봉이 단양까지 흘렀으리라. 이 물이 제천과 단양을 거쳐 충주로 흘러 들어가고 그 강물의 지류와 흘러드는 물의 영향으로 옛 선사시대부터 사람이 살던 흔적이 지금도 뚜렷이 남아 있는 것이다.

단양 땅은 또한 삼국시대와 인연이 깊다. 고구려 영토일 때부터 '적성'이라 불렸다. 고려 초에는 단산현이 되었다가 1318년(충숙왕 5)에 단양군이 되었다.

그러고 보니 이를 충분히 뒷받침해주는 비석이 1978년 발견되었다. 국보 제198호로 지정된 '신라적성비'이다. 신라 진흥왕의 영토확장 업적을 기리기 위해 세워진 비석으로 "551년 이사부 등 장수들이 진흥왕 명을 받들고 한강상류 고구려 영토를 차지했다"는 내용이 기록되어 있다.

바로 이 신라적성비는 단양적성 안에 있다. 단양에 오시는 분들은 단양휴게소에 잠시 머물면서 단양적성(사적 제265호)을 둘러보는 것도 좋으리라. 길따라 쭉 이어진 성곽둘레가 923m. 길다랗게 이어진 성곽길을 거니는 기분이 꽤 운치있고, 그 모습이 장관이다. 적성에 올라 나지막한 성재산(319m)을 내다보는 멋도 있다. 이 단양적성이 성재산 돌로 축조된 것을 헤아려보면 자연의 돌을 어루만진 옛 조상의 손길, 숨결, 호흡마저 느껴지며 가슴이 벅차오른다.

단양 적성 충북 단양군 단성면 하방리에 있는 산성으로 삼국시대 지어졌다. 사적 제265호. 둘레가 923m로 성재산 정상부에서 남쪽으로 비탈진 테뫼형 성곽. 현재 성벽 일부와 문지, 신라적성비 등이 남아 있다. 사진은 한국관광공사 제공(좌). 신라 진흥왕 때 왕명을 받들어 당시 고구려 지역이던 적성을 공격하여 차지했다. 이 승리를 기념하고자 신라적성비를 세웠다(우).

그러고 보니 단양군은 첩첩이 산들이 이어져 있는 중간지대. 남한강 동쪽으로 소백산맥이 보은군 속리산을 거쳐 전라도 지리산으로 이어져 있다. 그리고 북쪽으로는 태백산맥이 뻗어 있다. 산악은 소백산맥과 오대산 지맥이 주봉으로 용두산, 태화산, 금수산, 도락산 등 1000미터 내외의 산들이 중첩되어 있다. 관심을 조금 기울이면 작은 단양 속에서 갈래갈래 이어져 흐르는 산의 정맥이 파동침을 느낄 수 있다.

그런 단양이 석회암층에 자리해서인지 우리나라 시멘트산업의 중심지로 변화되었다. 그렇게 되어버렸다. 이 석회암층의 침식이 기기묘묘奇奇妙妙한 자연동굴을 형성하며 오늘날 관광자원의 동력으로 작용한다는 점 또한 부인할 수 없다.

그러나 옛 운치 있던 단양은 어디 있는가? 이제 그 찬란하던 단양 모습은 댐건설로 인해 오간 데 없다. 이렇게 아름답던 단양을 그냥 놓칠 수는 없다. 서글픈 고향의 망향가를 뒤로 한 채 오늘의 신新 단양은 새로운 사람들에 의해 삶의 터전으로 거듭 확장되며 산수관광의 명승지로 다시 각광받고 있다.

비록 예전 단양모습은 찾을 길 없으나 남아 있는 단양의 멋과 정서를 살리려는 노력을 기울이는 사람들에 의해 오늘도 그 맥이 이어지고 있다.

단양인물－서영기 교수

무언의 경책 '할喝'의 가르침
스승 말씀대로 실천하니 어느새 명장 도예가가 되다

서영기 교수는 충북 단양군 방곡 출신이다. 인간문화재 서동규 선생을 비롯한 김응한 선생과 서화가 모성수 선생을 모시고 도예작품을 만들기까지 혼신을 다했다. 그는 흙을 고르고 소재를 선택하는 일, 물레를 돌리고 장작가마를 다스리는 불의 미학을 차분하게 다졌다. 그는 교수가 되고 그 이름도 유명한 도예가를 꿈꾸지 않았다. 다만 스승의 가르침을 익히는 도예일에 순종했다. 열 시간 시키면 더 보태어 스무 시간 작업했다. 그러나 그는 그것만으로는 부족하다는 것을 알았고 그래서 창작이란 반드시 옛것을 바탕으로 새것을 가미해야 한다고 생각했다. 또한 생각에 머물지 않고 즉시 실천에 옮겼다. 그리고 서두르지 않는 장인정신으로 23년간 공부한 그는 마침내 우리나라 도자기공예가로서 최고자리에 올랐다.

이후 경기대학교 예술대학 도예학과 교수로 초빙되었는데 우리나라 도예가로서는 최초의 일이었다. 뉴스의 화제인물로 오르며 세상 부러움을 샀다. 그후 경기대학교 예술대학에서 후학을 가르치며 서울대학교 대학원에 출강하기도 했다. 개인전을 비롯 초대전까지 현재 15차례 전시회를 개최했다. 도예가로서의 성실함과 창의성은 국내 어느 누구와 비교해도 탁월한데다가 인격도 갖춰 오늘의 자리에 올라섰다. 그는 한국생활공예대전 심사위원을 비롯 경기 산업미술전람회 심사위원, 전국 차도구공모대전 운영위원장 등 중책을 맡아 슬기롭게 본분을 다했다.

우리가 명장 서영기 교수를 통해 배워야 할 것은 불교용어인 '할喝'이다. '할'이란 무언無言의 경책警策, 즉 가르침이다. 세속주의에 젖은 사람들은 사람이 되어가는 과정을 뛰어넘는 것이 다반사다. 그런데 서영기 도예가는 한 번도 교수를 꿈꾸거나 도자기를 팔아 생계를 유지하겠다는 것은 상상도 할 수 없었다고 고백한다. 다만 자기가 할 일에 최선을 기울였고 선생님 가르침으로 110퍼센트 실천하다 보니 명장 도예가가 되었고, 나아가 어엿한 4년제 대학의 도예학과 교수직에 진출했다. 쉬운 말로 엉덩이에 뿔내지 말고 인간부터 되면 자연스럽게 최고경지에 이르는 길이 있다는 것이다. 그 길을 안내해준 것이 자신의 삶에서는 스승의 가르침 '할'이라고 했다. 그의 손길을 통해 만들어진 찻그릇이나 도예품들은 모두가 명품名品이다.

소백산에서 생장한 재료사용
'소남백이식당' 최고의 맛 '능이버섯탕'

수리봉 '소남백이식당'은 행정구역으로 따지면 충청북도 단양군 대강면 방곡리 113-1이다. 그러나 경북 문경과 등을 기대고 있다. 소백산 기슭이니 산이 높고 계곡이 깊은 지역이다. 자연히 물이 맑고 깨끗한 청정지역이다. 예로부터 경상도 사람들이 과거시험을 치르기 위해 넘었던 고개인 '조령'도 가까이 있고 단번에 합격한다는 고개 '달재'가 소남백이 앞고개를 말한다. 충청북도에서는 아주 귀중한 '달재'를 아직도 모르고 있다.

이 달재는 수리봉 밑이다. 계곡을 따라 오르는 길에 **소남백이식당(043-421-0949)**이 있다. 시골구석에 있지만 깔끔한 식당이다. 청국장, 된장찌개, 손두부, 소남백이정식이 메뉴판에 가지런히 쓰여 있다. 그러나 이곳은 무엇보다도 소백산 기슭에서 생장한 능이버섯탕을 주메뉴로 꼽고 싶다. 능이버섯은 음력 추석 후에 소나무가 우거진 산중의 참나무 둥지에서 솟아나는 버섯이다. 버섯 중 최고의 버섯이라고 해야 할까? 이 버섯은 소백산 이남에는 나지 않는다. 그리고 서해안 내포지역에도 생산되지 않는 영서 · 영동지방에 그것도 일부지방에서만 생장한다. 소수지역에서만 생산되다 보니 자연스럽게 귀한 직위를 가진 지방 수령이거나 서울 장안의 고관들이나 1년에 한두 번 맛을 보는 귀한 버섯이다. 까무잡잡한 색깔에 국물도 진하다. 그 효능은 이미 『본초강목本草綱目』이나 『식물도감植物圖鑑』에 자세히 기록되어 있는데 단백질과 지방을 분해하는 효소가 들어 있어 위궤양과 위염을 앓고 있을 때는 삼가는 것이 좋다.

단양군 대강면 방곡리에서는 과거科擧를 보는 선비들은 이 능이버섯을 먹어야만 장원급제를 한다는 속설이 있다. 능이버섯물이 검정이니 먹물과 상통한다는 상징으로 받아들였던 것이다. 그래서 그런지 고시高試를 준비하는 학생들이 이 수리봉 밑에 와서 능이버섯탕을 즐겨 먹었다고 한다. 이제는 식당주인과 친교 없이는 먹을 수 없는 메뉴가 되어 버렸다.

능이버섯탕은 소고기를 조금 썰어 넣고 양념을 고루 넣는다. 애호박, 청무, 새송이버섯, 고추 등을 능이버섯과 골고루 함께 넣는다. 그리고 무쇠냄비에 약한 불에 오랫동안 끓이면 먹물 같은 국물이 우러나오는데 5년 전에 중국 공산당원 김철 선생이 그 맛을 보곤 이탈리아나 프랑스 음식이 당할 수 없는 음식이라 기행문에 썼던 기억이 난다. 이런 것이 바로 한국 고유의 맛이 아닌가 싶다. 한국음식의 세계화는 이론으로도 할 수 있지만 실제 체험도 그에 못잖다.

밑반찬도 모두 다 무공해 청정지역 단양에서 심어 가꾼 산채이다. 취나물, 고사리, 무지, 고춧잎, 고들빼기, 배추, 가지, 열무, 생김치에 해물이라고는 꼴뚜기젓 하나뿐이었다. 한방 오리백숙이니 한방 닭백숙 이야기는 능이버섯탕으로 인해 묻혀버렸다.

돌집식당, 미기 두향 옥가락아! 곤드레마늘에 취하노라

'미기 두향의 옥가락' 처럼 구불구불한 강이 산과 함께 감도는 단양에는 별미도 많다. 단양에서는 기근에 처하면 해발 300미터 이상의 고지에서만 자란다는 산나물 곤드레에 단양만의 특산품인 마늘을 섞어 솥에 밥을

지어먹었다고 한다. 바로 이 돌솥밥이 오늘날 웰빙시대에 발맞추어 새롭게 탄생했으니 이것이 바로 '곤드레마늘솥밥'이다. 곤드레마늘솥밥은 제철에 나는 것을 먹는 것이 영양가가 제일 높다. 학명으로는 고려엉겅퀴, 곤달비라고 하며 태백산에서만 자생하는 구황식품이다.

곤드레는 생으로 쌈을 싸서 먹거나 튀김, 무침 등의 다양한 방법으로 조리할 수 있다. 또 캐서 말린 후 저장하거나 냉동고에 저장하면 1년 내내 사용할 수 있다. 곤드레는 맛이 부드럽고 담백하며 향기가 강하고 씹기가 좋다. 곤드레에는 탄수화물, 칼슘, 비타민A 등의 영양이 풍부하다. 또한 곰취와 같은 효과약으로 쓰이는데 지혈, 소염, 이뇨작용, 지열, 해열, 소종 외에도 민간에서는 부인병 치료약으로 이용한다. 이처럼 빼어난 곤드레는 산나물 특유의 쌉싸름한 맛과 향이 일품이다. 여기에 단양의 기후와 토질이 만들어낸 육질 좋은 단양육쪽마늘은 맵고 아려서 눈물을 자아내기보다는 달달함과 아삭한 맛으로 승부하기 때문에 기대해볼 만하다.

돌집식당(043-422-2842)은 단양에서는 돌솥밥을 제일 잘하기로 유명한 곳으로 곤드레와 마늘뿐 아니라 다양하고 다채로운 식감을 가진 산나물들을 즐길 수 있는 곳이기도 하다. 마늘에 오곡을 곁들인 마늘오곡쌈밥이나 마늘에 절인 양념갈비는 돌집식당이 제공하는 특식이다. 인근의 목장에서 자란 소고기에 단양만의 육쪽마늘을 넣었기에 고기 잡비린내도 잡고 마늘의 향긋함을 육즙 사이에서 느낄 수 있다.

금수강산, 돌탑으로 유명한 고수동굴 입구 빨간 더덕구이 참맛

인근의 소백산에서 자란 더덕은 모두가 잘 알듯이 빨간 고추장양념에 버무려 구워먹어야 맛있다. 고수동굴 입구에 자리한 음식점 **금수강산(043-422-3176)**은 돌탑으로도 유명하다.

금수강산의 돌탑들은 어느 산에서나 볼 수 있는 돌탑들과는 다른 규모를 자랑한다. 손님들의 만수무강을 빌고자 주인장이 손수 쌓았다고 하니 이곳 음식이 얼마나 보양식으로 우리 몸을 보해줄 것인지 가히 짐작조차 할 수 없다. 주인장의 은덕만큼 만수무강을 위해서라도 우린 이 음식점을 찾아야 한다. 금수강산의 주메뉴는 아무래도 단양만의 별미인 마늘을 잘게 빻아 고추장과 합쳐 더덕에 버무려 구운 '소백산 마늘더덕구이'라고 할 수 있다. 씹히는 질감은 웬만한 소고기 부럽지 않을 뿐더러 더덕의 풀내가 코끝으로 찡하게 올라오는데 맵지도 않으면서 새콤한 게 그만이다.

먹기 부드러운 더덕은 아무리 먹어도 살이 찌지 않는다니 다이어트식품으로도 손색없다. 밑반찬들도 건강에 좋을 나물반찬들로 가득하다. 고사리에 마늘장아찌, 파무침에 절인 고추까지 하나하나 보양식으로 손꼽히는 반찬들이기에 나무랄 데 없다. 특히나 고사리는 갈색으로 둔탁한 멋을 자랑하면서도 유들유들해서 더덕 못지않은 씹는 맛을 준다.

대전

식장산 아래 굽어본 풍광, 대전大田은 한밭이다!
- 전우치 설화, 송시열의 남간정사, 하늘길로 이어지는 한밭

식장산에서 본 대전

전우치라는 사람이 우리나라의 모든 사람들이
3일간 또는 3년간은 먹고도 남을 만한
보물을 식장산에 묻었다고 한다.
그만큼 식장산 아래의 뜰이 기름지고
윤택해서 만인이 살 만한 터전이 된다는 뜻

– 본문 중

대전 한밭의 상징처럼 우뚝 솟은 식장산은 자연적으로는 한 고을의 병풍처럼 한 면을 가리고 안락한 멋을 풍기는 산으로도 유명하다. 냇물이 곳곳에서 흘러 들을 이루고, 들을 가리는 산맥줄기가 신기하므로 옛날에는

'식장산하 가활만인지지 食藏山下 可活萬人之地'라 하여 만인이 모여 살 수 있는 고을이라 하였다. 지금은 백만을 넘어서는 도시가 형성되어 가히 놀라울 따름이다. 옛날부터 식장산에 식량을 저장하고 있다는 설화도 있으나 이것은 백제군사들이 숲이 우거진 식장산에 식량을 쌓아놓고 싸움을 했다는 기록에서 연유한 것으로 겹겹이 싸인 식장산 산성을 둘러보아도 능히 짐작할 만하다.

전해지는 설화에 의하면 동살미(지금의 홍도동)에 살고 있던 전우치●라는 사람이 우리나라의 모든 사람들이 3일간 또는 3년간은 먹고도 남을 만한 보물을 식장산에 묻었다고 한다. 그만큼 식장산 아래의 뜰이 기름지고 윤택해서 만인이 살 만한 터전이 된다는 뜻인데 지금 대전이 근 백년간 비약적 발전을 이룬 것도 식장산 같은 명산이 있기 때문이란 걸 미루어 짐작할 수 있다. 옛사람들의 지혜를 엿볼 수 있다.

대전은 우리나라 중심에 위치해 있다. 충청남도를 기준으로 하면 동남부에 자리해 있다. 서쪽은 공주, 북쪽은 대덕에 닿아 있다. 경부선 철도와 경부고속도로 그리고 호남선 철도와 호남고속도로의 분기점으로 교통의 요지이다.

전라북도 태봉산에서 발원한 대전천은 서북부로 관류하며 유등천과 중천동에서 합류한다. 이는 다시 대전시의 서쪽을 흐르는 갑천과 합류하고 금강으로 흘러들어간다. 유물 · 유적으로는 관저동, 가수원동, 대성동, 교촌동 등지에 고인돌이 분포되어 있다. 산성으로는 구성동산성(충청

● **전우치**(?-? 조선중기 기인) 『지봉유설』에 따르면 서울 출신의 선비로 환술과 기예에 능하고 귀신을 잘 부렸다고 전한다. 『오산설림』에는 죽은 전우치가 산 사람에게 『두공부시집』을 빌려갔고, 『어우야담』에는 사기술로 백성을 현혹시켰다 하여 신천옥信川獄에 갇혔는데, 옥사하자 가매장한 시체를 친척들이 이장하려 무덤을 파헤치자 시체는 없고 빈 관만 남아 있었다고 한다. 전우치를 도교의 시해법尸解法으로 해석하기도 한다. 밥을 내뿜어 흰나비를 만들고 천도天桃를 따기 위해 새끼줄을 타고갔다는 설화가 전해진다.

남도기념물 제59호), 월평동산성, 보문산성, 비래동의 질현성, 읍내동의 우술성 등이 있다.

또한 가양동에는 조선후기 정치사상계적으로 나라를 호령했던 인물인 송시열(宋時烈, 1607-1689)이 건립한 '남간정사'가 있다. 이곳에서 제자들이 그의 유교사상을 받들어 『송자대전宋子大全』을 발간했는데, 송시열은 우리나라에서 유일하게 '자子'자가 붙은 대학자로 칭해진다. 여기서 잠시 우암尤庵 송시열을 짚어보자.

송시열이 조선의 대학자로 일컫게 된 데에는 역시 아버지 송갑조의 영향이 크다. 광해군 시절 1617년 불현듯 낙향길에 오른 아버지는 당시 11세인 아들을 붙잡고 학문을 가르친다. 그의 부친은 광해군 시절, 과거급제 후 아무도 찾지 않는 인목대비 거처를 홀로 찾아가 절을 올린 게 화근이 되어 낙향에 이르렀다. 그러나 이것이 어린 송시열에게는 혹독한 학문수업의 계기가 되었으니, 이 또한 송시열의 복이다. 부친은 송시열에게 주자와 율곡 학문을 집중적으로 가르친다. 편식된 학문이랄까. 송시열은 1630년 김장생 문하생으로 들어가 본격적으로 율곡 학문을 수학하고 이듬해 김장생이 죽자 그 아들 김집으로부터 그 계보를 잇는다.

우암 송시열은 1607년 산천정기가 빼어난 충북 옥천군 이원면 용방리 구룡촌 외가에서 태어났다. 우암이 자란 초당에는 매년 봄이 되면 꽃이 만발하는 홍매紅梅 한 그루가 있었는데 1689년 그가 사약받던 해 갑자기 말라죽었다고 한다. 그러나 갑술년(1694) 송시열의 관직이 회복되자 다시 죽었던 매화가 소생하며 꽃이 피어났다는 얘기가 전해지고 있다.

어린 시절, 그는 화양동 등 여러 거처를 옮겼으나 주로 살았던 곳은 옛 대전 근교로 알려졌다. 유년시절 대전광역시 동구에 위치한 소제동에 살기도 했으며, 말년에는 그 근처 비래촌과 흥농촌에 서당을 각각 세워 제자들을 가르쳤다.

1683년 흥농촌 능인암 아래 세워진 큰 서당이 바로 남간정사이다. 대전 우암사적 공원길을 따라 거니는 낭만이 있다. 남간정사에 들어서면 독특한 연못이 눈에 들어온다. 계곡 샘물이 건물의 대청 밑을 지나 연못으로 흘러가게 하는 새 방식을 쓰고 있다. 이는 한국 정원조경 역사상 한 획을 긋는, 새 조경방법이다. 그윽한 남간정사 연못에서 운치를 즐기며 잠시 옛 건축미학의 정취를 맛보아도 좋으리라. 남간정사 오른쪽에는 기국정이 있다. 이는 송시열이 손님과 더불어 시론을 나누던 정자이다. 일제강점기 때 소제동에 있던 것을 이곳으로 옮겨온 것이다. 소제동에는 그 주변에 구기자와 국화가 무성했다고 하여 이를 합쳐 '기국정'이라 부르게 되었다. 남간정사 뒤편 언덕에는 남간사南澗祠가 있는데 이 또한 훗날 건축된 것이다. 송시열의 문집 『송자대전』 목판은 남간정사 장판각藏板閣에 보관되어 있다.

남간정사 1683년 흥농촌 능인암 아래 세워진 남간정사. 한국 정원조경 역사에 길이 남을 남간정사 연못.

장판각에 보관된 『송자대전』 목판을 보면 우암 송시열이란 인물이 얼마나 조선 사상계에 지대한 영향을 끼친 사람인가 헤아려본다. 그에 대

장판각藏板閣 『송자대전』의 판각을 비치한 장판각. 송자대전은 총 215권 102책이 된다. 조선시대 헌종 13년(1847)에 간행, 이곳에 장판각을 짓고 판각 5151판을 보관해오던 중 일부 분실되고 현재 4483판이 보관되어 있다.

한 역사적 평가는 말이 많다. 평가는 각기 다를 수 있으나 『조선왕조실록』에 3천 번 이상 이름이 거론될 정도이니 인물은 인물이다.

그의 운명은 아버지 낙향에서 비롯되었고 효종의 운명과 함께 피고졌다. 1636년 병자호란으로 청과 굴욕적 외교를 맺자 송시열은 관직을 접고 충북 황간으로 낙향했고, 인조의 부름에도 응하지 않다가 1649년 효종이 즉위하자, 효종 스승이던 송시열은 즉시 「기축봉사己丑封事」를 올려 '북벌론'을 제시한다.

송시열의 논리는 이렇다. 중국의 원래주인은 명나라이며 오랑캐인 청을 내쳐 보란 듯 명나라를 위해 청에게 복수하자는 것. 한마디로 명을 주인처럼 섬기는 자세인데, 효종은 우암의 뜻을 받아들였으나 그는 안타깝게도 즉위 1년도 안 되어 급사하고 송시열의 천운도 기울어갔다. 그는 지나친 주자학의 맹종자로 한때 이 학문을 비난하는 동료 윤휴 등을 사문난적斯文亂賊으로 몰았고, 급기야 윤휴의 애제자 윤증도 역적으로 몰며 '회니시비懷尼是非' 노소 분당을 일으켰다. 이를 계기로 서인은, 송시열을 따르는 세력은 노론老論, 윤증을 중심으로 모인 세력은 소론少論으로 갈라서게 되었다.

송시열은 한때 효종의 묏자리를 잘못 옮겼다고 탄핵받는가 하면, 제주도에 유배되기도 했고, 83세 사약받는 그날까지 파란만장한 삶을 살다갔다. 그러나 조선시대 유교 맥락의 계파분열 분기점에 송시열이 있었음은 피해갈 수 없는 사실이다.

이제 대전은 역사의 결따라 흘러 흘러 오늘날에 이르렀다.

인재들이 모여 학문의 열꽃 피우는 대전 카이스트 캠퍼스(대전 유성구 온천 2동 위치) 앞 연못가에는 이들의 치열한 학문고투에도 아랑곳없이 오리들이 연못가를 자유롭게 노닐고 있다. 대전역 근방, 중앙시장에는 정겨운 재래시장의 멋과 맛을 함빡 즐길 수 있다. 또한 밤이 되면 청춘들이 모여드는 '으능정이 문화거리'는 환상적인 밤거리를 조성한다. 국내 최초로 도심속 영상시설이 시선을 끌어모은다. 일명 대전스카이로드. LED전광판에서 화려한 음향과 더불어 첨단영상이 흘러나온다. 번쩍번쩍 현란한 불빛과 영상이 더러 부담스럽지만, 스카이 로드… 하늘길? 이길따라 한번 거닐어보는 것도 괜찮다. 모든 것이 이렇게 변했다, 변해버렸다. 세월따라 도시적으로 변한 대전의 오늘날 모습 또한 받아들여야 하지 않을까.

스카이로드 총 165억 예산이 투입된 '대전스카이로드'가 2013년 8월 2일 준공되었다. 길이 214m, 폭 13.3m, 높이 20m 규모로 건립된 대규모 아케이드형 LED스크린 시설이 보는 이를 압도한다. 투입된 예산만큼 대전의 새로운 랜드마크가 될 것인가 귀추가 주목된다.

그러나 나는 여전히 지방을 지키는 사람들에게서 뭔가 발견하고 싶다. 새로운 조류와 전통문화가 한데 어우러지며 숱한 학자와 예술가들이 배출된 대전을 떠올리고 있다. 문학계에서 오늘을 잇는 대전 출신의 소설가를 꼽자면 권선근 작가를 추천한다. 그는 충남대교수로 재직하며 『꿈』 『파편습기』 같은 작품을 『호서문학』에 실으며 대전문학을 널리 떨치는 데 큰 기여를 했다. 시 부문에는 박용래, 한성기, 임강빈, 조남익, 최원규, 김용재, 이헌석, 홍희표 등이, 희곡 부문에 김정욱, 오완영, 김영배, 박동규, 안명호, 안영진 등과 같은 문인들이 이 시대를 향해 문학과 인생이 무엇인가 고뇌하며 대전 글밭을 경작했다. 대전에서는 알려졌는데 서울에선 왜 모르는가? 의문부호를 붙여보지만, 어쩌면 모르는 것이 당연하지 않은가, 수긍해본다. 한번 소외를 품어보고 싶고, 이들과 따듯한 고향의 정과 문학을 부둥켜안고 싶다. 늘 그렇다.

대전인물-리헌석

평론가이면서 시인 리헌석
기부금 내고 장기 집권한 봉사인

리헌석 대전광역시 예총지회장, 그리고 라이온스 대전의 몇 지구이던가 아무튼 그는 봉사단체 지회장을 돈 내고 장기집권한 보기 드문 봉사인이다. 남들은 돈내라, 하면 하던 일도 그만두는 실정인데 리회장은 구덥진 일은 도맡아 일한다.

정종명 소설가와 상희구는 우연하게도 변소청소하다가 서로 부딪쳐 어색했더라고 하던데 리헌석 시인도 정종명 작가와 상희구 시인 못잖은 인물인 셈이다. 궂은일을 도맡아하고 지방에서 문예지를 발간하는 그의 인내심과 리더십은 내게 많은 걸 느끼게 했다. 나이는 나보다 훨씬 적지만 그가 하는 봉사와 사람경영은 내 스승이나 마찬가지다.

리헌석 그가 있는 곳엔 늘 의리와 봉사, 넉넉한 인심이 샘솟는다. 그는 정직하고 곧다. 스승의 길을 바로 걷던 선생님이었고 교수직도 마다한 그의 겸손은 칭찬받아 마땅하다.

대전인물-한철수 시인

엄청난 독서력에 겸손함까지 갖춘 선한 경영인, 소박한 시인

시인 한철수 형은 정직과 신뢰로 평생을 살아온 인물이다. 그는 시인 이전에 출판사사장으로 언론계 일간지 발행인으로 우여곡절을 겪은 사람이다. 지금은 창의서점을 경영하고 있지만 지난날 출판사 발행인으로서 대전지역에서 꽤 수준 높은 책을 발간하여 세인의 관심을 불러일으켰다. 그러나 출판업도 지닌 돈이 있어야 한다. 그는 서점을 경영하여 20년 동안 열심히 일했다. 신용과 정직으로 몇십 억의 돈이 생기자 그를 유혹하는 사람들이 접근하기 시작했다. 평소에 글을 써서 세상을 정화시키겠다던 그는 2년 만에 큰돈을 사기당하고 간신히 몸만 빠져나왔다. 워낙 그간 쌓아온 신용 때문에 큰 출판사에서 그에게 보증금도 없이 밀어주어 오늘에 이르렀다.

그는 나와 초등학교 6년 동기동창이다. 그와 나는 가난 때문에 독학으로 수십년간 내공을 쌓았다. 한사장이 읽은 책은 1.5톤 트럭 10대 분에

버금가는 엄청난 양이다. 철학 · 문학 · 역사를 혼자서 독학한 그는 무불통지無不通知의 실력이지만 천성이 겸손하고 인간적이어서 오랫동안 사귀어보지 않고서는 그에 대해 잘 모르는 경우가 허다하다.

한철수 사장은 늦깎이 시인으로 2011년에야 시인으로 등단했다. 그의 시세계는 간고한 옛날의 이미지가 대부분이다. 그리고 인간 긍정이 주제를 이룬다. 그의 선배로 장동수, 심범섭, 유태윤 등을 들 수 있는데, 아마 이들을 찾아다니며 빌려본 책이 1만 권 정도는 되지 않을까?

한철수 그는 대머리 청주한씨 중에서 지금 어느 누구보다도 더 근실하고 열정을 다해 맡은 바 직무를 다하는 친구다. 내가 그를 주제로 단편 하나를 최근 구상했다. 이문구의 「유자약전」보다 「한님약전」은 살아있는 그의 자서전으로 자손만대에 영원하리라.

대전맛집

리헌석 시인이 추천하는 식장산 기슭에 위치한 '연향촌'

시인이면서 평론가인 리헌석씨로부터 대전에 특색 있고 맛깔스런 식당인 **연향촌(042-283-1259)**을 추천받았다.

대전의 명산 식장산 기슭에 한가로이 자리잡은 연향촌은 칠월 햇볕 속에서 연향을 유감없이 발휘하고 있었다. 아버지의 대를 이어 연꽃을 가꾸는 신옥균 사진작가가 운영하는 곳이다. 예술인다운 실내디자인과 설치미술품들이 고급스러우면서도 오만스럽지 않게 조화로이 배치되어 발품들여 온 내방객을 행복감에 젖게 한다.

이곳의 주메뉴는 한방 닭과 오리였다. 쾌적한 이 식당에서는 주로 약선식물이 밥상에 오르고 이 식물들이 어디에, 어떻게 이롭게 작용하는지 자세히 설명해주었다. 사람들은 메뉴판에 있는 '보양식'으로 쓰여 있는 '한방오리'에 군침삼키면서 주문을 했다. 하지만 필요에 따라 연잎 영양식에도 오곡을 넣어 짓는다는 신옥균씨 자신은 평생 고객이 맛있고 행복해하는 식단을 만드는 것에 보람을 느낀다고 했다. 정갈하고 깔끔한 뒷맛을 주기 위해 조미료를 절대 사용하지 않는다고 한다. 각종 해산물을 달이고 졸여 육수를 만들어 사용하는 비법이 바로 경영노하우였다. 사시四時 어느 때든지 주문받아 서두르지 않고 준비하는 과정이 있어야 음식의 제 맛을 낼 수 있다고 호언한다.

한철수 시인이 추천하는 전통 설렁탕집 '한밭식당'

시인 한철수가 추천하는 한밭식당(042-256-1565)은 58년 전통을 자랑하는 '설렁탕'으로 유명한 맛집이다. 설렁탕그릇 안에 있는 고깃덩어리도 맛있지만, 얼마만큼 정성들여 뼈다귀를 고았는지 감탄할 정도로 그 국물맛이 일품이다.

무쇠가마솥에 각종 주요부위와 함께 넣고 장작불에 뼈를 고아 만든 그 국물에 밥을 말아먹는 '한밭식당' 설렁탕의 주요고객은 역시 일반노동자들이다. 아마도 대전을 방문하여 이 한밭식당에서 설렁탕 맛을 본 대한민국 사람이라면 내내 이곳에서 맛본 국물맛을 잊지 못할 것이다. 손님들이 입소문을 듣고 오는 경우가 많아 항상 일정한 손님들로 붐빈다. 특히 이 한밭식당은 깍두기 맛이 일품이다. 맵지도 싱겁지도 않은 조리 비법이 58년이란 세월을 견디어오면서 발전을 거듭했다. 달고 감칠맛을 주는 깍두기는 식탁에서 모자라면 언제나 추가주문이 가능하다. 인심 좋게 덤으로 주시는 수더분한 할머니와 아주머니들의 선심 또한 이곳 설렁탕집을 찾는 데 한몫한다.

전쟁 후 가난한 사람들에게 배불리 먹을 수 있게 이윤을 생각지 않고 설렁탕 한 그릇을 내놓으시던 주인어른의 인간적 선행, 그것이 맛집으로의 격을 높여주었다. 이집을 국회의장, 대학총장, 장관 등이 드나들었다는데, 맛도 맛이겠지만 이러한 주인의 품격도 작용했으리라 짐작해본다.

필자가 사는 곳과 한밭식당은 먼 거리였다. 예산에서 대전으로 가는 길은 예산에서 서울을 가는 길보다 멀다. 예산에서 버스에 발을 디디면 곧장 용산에 도착했다. 그러니 문화와 교육, 정치와 금융이 발달한 서울로 갈 수밖에 없다. 그만큼 서부지역인 서산 · 당진 · 홍성 · 예산 · 서천 등지에서 대전은 심리적으로나 지리적으로나 멀고 먼 거리였다. 그러나 한밭식당은 맛도 좋고 인심도 넉넉했기에 필자의 수고를 덜기에 충분했다.

이 식당은 깍두기를 비롯한 김치 맛이 58년 전통으로 이어져 내려오고 있어, 이러한 옹고집 DNA의 김치깍두기 맛은 서해안까지 소문이 들려왔다. 나는 1986년 대전에서 직관력이 탁월하신 강경상고 3대 천재 중 한 분인 박동규 교장선생님을 뵙기로 했다. 대전의 유명한 갈비집으로 택시타고 오라는 명령을 받았지만 나는 대전역앞 '한밭식당'에서 뵙자고 제안했다. 유명한 맛집을 찾아가보기 위함이었다.

이 시기는 바로 『조선일보』 지면에 소설가 홍성유(1928~2002) 선생께서 소개한 '한밭식당' 기행문을 읽었던 바로 그 무렵이었다.

자, 이집이 보통집은 아녀. 집은 허름해도 맛은 곰국에 괴기도 그득 허구. 이 깍두기가 천하일품이여. 이놈 먹구 용심을 내서 소설 말구 대설大說을 써봐. 이선생 소설은 싯점을 바꾸면 기존의 유명작가보다도 리알허다. 내가 취해서 허는 소리 아녀. 넌 내 말 들으면 손해는 움써. 알겠냐?

소주를 한 병쯤 혼자 마신 박교장은 존칭은 이미 깔아뭉개버린 나머지 나한테 '니네', '너네'라고 잔뜩 기고만장해 갖고 소설의 진수는 재미와 독창적 묘사가 밑천이라며 누누이 강조했다. 순진한 나는 박교장선생이 제시한 대로 『악어새』의 시점을 바꾸어 베트민이 한국과 미국을 비판조로 바라보는 장편을 출판했다. 박교장님 말씀대로 나는 베스트셀러작가가 되어 1년 만에 대학교 국어국문학과 '소설창작론' 교수로 정식 임명되었다. 이는 '한밭식당'의 텃세도 있었지만 박교장의 엄한 경고와 채찍에 힘입은 바 크다고 할 수 있다. 후에도 나는 내가 잘나가는 때일수록 기차를 타고 한밭식당을 찾아가 박교장님을 친구처럼 모셔 단골이 되었다. 이집 설렁탕 덕분에 잘나가는 사람이 될 수 있었던 게 어찌 나 하나뿐이겠는가? 여기 이 좌판에 앉아 일을 도모하고 모사謀事를 꾸미고 계획하고 추진했던 사람이 부지기수이다. '한밭식당'을 생각하면 시금달콤한 깍두기로 인해 입안에 군침이 돈다.

밑반찬이 가득,
우렁과 곁들인 된장향 그윽한 '시인의밥상'

대전 괴정동에 위치한 식당 시인의밥상(042-536-7888)은 그 이름만큼 서정적이면서도 시골 같은 분위기를 풍긴다. 벽은 채분, 둥구미, 짚삼태기

가 걸려 있는데다가 황토같이 부드러운 흙으로 빚은 돌로 쌓여 있고 바닥은 나무무늬재로 장식되어 있다. 80년대에 사용되었을 법한 20인치도 안 되어 보이는 작은 브라운관 TV가 장에 들어 있어 타식당과 달리 색다른 분위기를 자아낸다. 요즘 식당들처럼 입식이 아니라 좌식이라 추운 겨울 뜨끈뜨끈한 방바닥에 엉덩이를 맞대어 추위를 잠시 이겨낼 수 있다는 점도 이 식당의 장점이다.

평소에 좀처럼 접하기 힘든 우렁이 이 식당의 주메뉴이다. 쫀득쫀득하면서도 달달한 우렁이 혀를 자극해준다. 함께 곁들여주는 된장향이 그윽하고 진하다. 알고 보았더니 손수 담가 만든 것이란다. 요즘시대에 좀처럼 맛볼 수 없는 진한 맛이다. 멸치고추조림, 배추김치, 알타리에 취나물무침뿐 아니라 고추장아찌에 게장, 시원한 동치미, 오징어젓, 새싹무침, 도라지무침, 파래김, 연근조림까지 좔좔 나열하기만 해도 숨가쁘게 만드는 밑반찬 개수를 세다가 그저 입만 쩍, 벌어질 뿐이다.

또다른 주메뉴로는 생선모듬구이이다. 이면수, 삼치, 고등어를 빨갛게 곱게 구어 대접해주는데 삼치는 가시를 발라먹기 편하고 담백하며 고등어도 워낙 살집이 두툼해 뼈를 따로 바를 필요도 없고 살집 건지기가 쉬우니 맛있게 양껏 먹을 수 있다. 가장 마지막으로 돌솥밥이 나오는데, 검은콩이 들어가 있어 영양분도 최고인데다가 가운데 다 긁어먹고 옆에 눌어 붙은 잔밥이 아쉬워도 걱정없다. 시대의 풍취가 절로 나오는 양은주전자로 뜨거운물 부어 우려먹으면 누룽지처럼 구수한 맛을 즐길 수 있다. 결국 그 많은 반찬들로 배가 두둑하다 해도 또 먹게 된다.

대전명품 냉면집 '진수메밀냉면'

대전이 겨울철을 위한 음식만 갖추고 있는 건 아니다. **진수메밀냉면(042-586-7892)**은 TV 여러 매체에서 이미 소개된 대로 대전의 명품 냉면집으로 알려져 있다. 메밀은 저칼로리 기능성식품으로 필수아미노산과 비타민B를 풍부히 함유하여 다이어트에 도움이 된다. 또한 메밀에 들어 있는 루틴은 모세혈관을 튼튼히 하고 피를 맑게 해주어 고혈압과 동맥경화 등의 질환에 좋다. 이집은 특이하게도 삶은계란이 먼저 나오며 허기진 배를 달래준다. 그 다음으로 등장하는 빨갛게 익은 열무김치는 물냉면과 환상의 조화를 이룬다. 계란고명과 삶은돼지고기, 닭고기에 얇게 썰려 녹아내릴 듯한 오이로 산을 쌓은 냉면이 입안 가득 들어갈 때는 겨울에 얼어버린 혀도 뚫고 들어가 감동시킬 정도이다. 얼큰한 닭육수까지 갖추고 있어 절대 외면할 수 없다.

제2장

덕산 · 보령 · 부여 · 목포 · 수원

간절한 소망과 그리움,
원혼이 시가 되고
강물이 되고
노래가 되어

덕산

보령

부여

목포

수원

덕산

'수덕사'와 '도중도' '보부상'의 애환 담긴 '덕산'

수덕사

흔들리는 세상이 기억하는 것들과
아주 쉽고 단순하게 빛나는 것에 대하여
입으로 소리를 쏟아내지 않고
귓불에 흔들리는 바람소리 들으며
고매한 생각 드러낼 즈음

– 임종본 「좋은 세상을 꿈꾸는 사람」 중

홍주 목사고을에 수덕이란 도령이 있었다고 한다. 그는 부유한 양반집 아들이었다. 그는 사냥을 좋아해서 어느 해 가을 몸종들을 데리고 사냥을 나갔다. 산을 둘러싸고 몸종들이 짐승을 몰아 수덕이 앞으로 유인하면 수덕이 재빨리 화살을 날리어 잡는 그런 사냥이었다.

몸종들이 탁탁 나뭇가지를 털며 신호를 보내자 수덕은 언덕 아래 숨어 활을 조이며 사냥감이 나타나길 기다렸다. 드디어 그 앞에 송아지만 한 노루가 껑충껑충 뛰어오고 있었다.

덕숭아가씨와 수덕도령

수덕은 바삐 활시위를 잡아당겼다가 그만 멈추었다. 몸종들이 아우성이었지만, 그럴수록 화살을 당기는 그의 힘은 약해졌고, 끝내 노루를 놓치고 말았다. 몸종들은 아쉬워했지만, 그에겐 그만한 이유가 있었다. 노루가 뛰어올 때 화살을 당기려는 순간, 노루 곁에 어여쁜 낭자가 함께 뛰어가고 있었던 것이다. 어느 새 노루는 사라지고 그 낭자가 수덕이 앞에 나타났다. 말없이 굳은 얼굴로 그를 바라보더니 이내 사라졌다.

그일이 전부였다. 그러나 그일이 있고부터 그는 책을 펴도 글씨는 보이지 않고 낭자얼굴만 떠올랐다. 몇날 며칠을 고민하다가 그는 자기를 아끼는 할아범 몸종에게 낭자를 찾아보라 했다. 할아범은 여러 마을에 수소문 끝에 그녀가 건너마을에 사는 덕숭이란 낭자임을 알렸다. 덕숭낭자는 혼자 살고 있고 외모뿐 아니라 마음씨가 고와 온마을에 소문이 나 있었다. 얘기를 전해들은 수덕은 고민하다가 어느 날 밤, 덕숭낭자 집을 찾아갔다. 낭자와 결혼하고 싶다고 우격다짐했다. 낭자는 결혼을 거부하고 수덕도령은 결혼하자고 졸라대고. 드디어 새벽닭이 울고 있었다. 낭자는 고개를 쳐들고 얼굴을 들어 수덕을 바라보며 말했다.

"저와 결혼을 꼭 하고 싶으시면 먼저 소녀 청을 들어주셨으면 합니다. 집근처에 절을 하나 세워 주세요."

그날부터 수덕이는 절간을 짓기 시작했다. 많은 인부들을 동원하여 절간은 서둘러 세워졌다. 수덕도령은 낭자집으로 찾아가 절이 지어졌노라고 전했다. 그랬더니 낭자가 하는 말이 대단했다.

"어째서 절을 지으면서 부처님을 생각지 않으시고 여자 몸을 탐내십니까. 그런 절은 바로 없어집니다."

낭자가 자리에서 일어나자마자 많은 사람들이 새로 지은 절간이 부서졌다고 아우성쳐댔다. 허나 수덕도령은 좌절하지 않고 다시 절을 짓기 시작했다. 그러나 이번에는 불타버렸다. 수덕도령이 날마다 목욕하고 몸가짐을 정갈히 했으나 마음에 부처님보다 덕숭낭자 생각뿐이었기에 그런 일이 생긴 것이었다. 그는 잿더미 위에 또 절을 짓기 시작했다. 이번엔 참으로 절이 잘 지어졌다.

절이 완성되자 덕숭낭자는 결혼을 승낙했다. 그러나 정식 결혼식을 올렸지만 덕숭낭자는 자기 몸에 손조차 못 대게 했다. 어느 날 참을 수 없던 수덕이는 덕숭낭자를 와락, 껴안았다. 헌데 이게 어인 일인가. 그녀를 껴안는 순간, 문짝이 달가닥 떨어지고 이불은 공중에 뜨더니 둥둥 어디론가 사라지고, 낭자는 오간 데 없고 버선 한쪽만 그의 손에 쥐어 있었다. 이번엔 천둥소리가 났다. 그러자 그들이 살던 집은 불더미가 되고 수덕도령이 앉아 있던 자리에 바위가 생겼다. 그리고 그 바위에 버선모양의 꽃이 피었다. 낭자는 관음보살이 화현하여 속세에 와서 살았다 해서 '덕숭산'이라 했고 절간은 수덕도령이 지었다 해서 '수덕사'라 불리게 됐다. 그리고 바위에 핀 꽃은 버선모양이라 해서 '버선꽃'이라 일컫게 되었다고 전한다.

수덕도령과 덕숭낭자 사이에 남녀 사이의 진정한 사랑이 존재했겠는가? 바위에 핀 버선꽃은 수덕도령의 간절한 마음을 알까? 이제 수덕사 대웅전의 아름다움을 관찰해본다. 건립연대가 1308년. 현존하는 목조건물 중 가장 오래된 것으로 알려져 있다. 무려 700년 전 세워진 이 낡은 목조건물에, 그 유구한 세월을 버텨낸 견고한 아름다움이 배어 있다. 절로 머리 숙여 경외심을 표하게 된다. 고려시대 때 세워졌음에도 백제양식이 더러 담겨 있고, 또… 배흘림기둥에 서서, 흡사 부석사 무량수전에 비교될 정도로 외관이 아름답다. 잘 짜인 삼베옷의 격자무늬 옷을 살펴보듯, 정교하게 짜인 낡은 문의 섬세함을 들여다본다. 바람결따라 700년 숨결이 지붕에서 기둥에서 문에서 내 몸으로 전해온다. 목조건물은 이제 나무가 아니다. 누군가에게는 부처로, 누군가에는 예술로, 누군가에게는 사랑으로 서 있다. 우리 인간과 자연과 부처가 한몸임을 입증하듯 그렇게 겸허하게, 모두의 염원처럼 텅 비고 걸러낸 마음처럼 수덕사 대웅전은 우리 앞에 우뚝 서 있다.

수덕도령의 간절함이 이리도 아름다운 절로 피어난 것일까. 덕숭낭자(덕숭산)가 품고 있는 수덕도령(수덕사)은 그래서 비구니들이 도 닦는 절이 되었을까. 간절히 원하는 소유 욕망이 불타고 산화된 그 자리에 덩그러니 놓여 있는 절을 보면서 애달픈 설화를 떠올리며 그렇게 오래도록 빛나는 아름다움을 바라보며 수덕사 대웅전 앞에 서 있었다.

그럼에도 오늘날은 어떠한가. 이런 아름다운 설화를 간직한 수덕사 주변에는 눈에 거슬릴 정도로 여러 스파캐슬이 생겨나 눈살을 찌푸린다.

수덕사 대웅전 충남 예산군 덕산면 덕숭산에 위치한 수덕사(고려 1308년 건립 대웅전은 국보 제49호) 백제 15대 침류왕 2년(358)에 수덕각시라는 관음 화신이 중생제도를 위해 창건했다는 전설이 내려오고 있다. 『삼국유사』에는 백제의 중 혜현이 이곳에서 학문에 정진했다고 전해진다. 비구니가 거처하는 견성암見性庵과 비구가 사는 정혜사定慧寺가 산 위에 있다.

역시 덕산을 찾는 관광객들을 끌어모으기 위한 상술이 작용했으리라.

덕산은 그만큼 빼어난 경관을 자랑한다. 금북정맥이 서남으로 뻗다가 대천(만세보령)쯤 가면 커다란 오서산이 우뚝 다가선다. 여기에서 다시 여러 갈래로 나뉘어서 북상하다가 홍주를 지나 높이 솟아올라 산을 형성한다. 이 산이 바로 가야산이다. 이런 수려한 산세와 풍취로 지나가던 발길을 멈추게 만들며 경치 못지않게 이곳은 풍수지리학적으로도 명당으로 알려져 있다. 흥선대원군의 아버지 남연군의 묘가 이곳 덕산에 자리해 있는 것으로도 유명하다. 그 남쪽에 자리잡은 덕숭산 또한 가야산에 질세라 서로 마주대하고 있으니 그 험난함뿐만 아니라 땅이 이룬 한 폭의 그림은 주목할 만하다. 이 가야산 뒤로 맑고 투명한 옥계 저수지가 늘어져 선선한 햇빛을 잘게 부수며 보석밭을 이루고 있다.

지금이야 덕산이 비록 예산의 한 지명에 불과하지만 과거에는 예산의 옛이름이기도 했다. 이처럼 덕산은 예산, 서산, 홍성과 어우러져 충청 우도의 내포內浦 지방을 이루고 있다고 할 수 있다.

내포지방의 지리적 형세는 높고 험한 산이 별로 없다. 바꾸어 말하면 크고 깊은 강이 없다는 말이다. 그러므로 온화하고 유순한 산세로 작지만 마르지 않고 항상 흐르는 잔잔한 물줄기는 농경생활의 최적지로 발달했다. 자연과 질서의 순화 속에 다듬어진 민심, 자연으로 받은 횡포가 적은 천심이 머무는 곳이다. 까마득한 옛날부터 벼슬하다가 심신이 지친 관리들, 황혼무렵에 낭만적인 요산요수樂山樂水의 꿈을 가지고 낙향했던 곳이 바로 이 내포지역 가운데에서도 덕산이란 곳이다.

사철 온천수가 샘솟고 농경지대로 아득히 넓고 넓은 만경평야가 눈앞에 펼쳐 있다. 남으로는 휴암인 수암산이 솟아 있다. 충청의 금강이란 기암기석을 연출하는 용봉산이 있다. 수암산 옆에 덕숭산이 있는데 그 유명한 사찰인 수덕사와 경허선사, 만공, 수월이 머무르던 수도장이 있다.

그런가 하면 신문학의 선구자요, 근대여성으로서 현실참여를 주창하던 김일엽 여사가 노년에 살다가 떠난 곳이기도 하다. 그러나 그보다도 더 소중한 근대화에 기여한 보부상들이 갖가지 사연과 애환이 점철된 〈예덕상무사 보부상전시관〉이 있다. 이들 보부상들이 덕숭산과 가야산 골짜기로 한티고개(해미)가 있다. 옛날 이 고개를 넘으면 고깃배가 드나드는 포구가 있어 여기 이곳에서 어물을 사가지고 다시 덕산장으로 지고나르는 등짐장수가 바로 보부상들이다. 민초 보부상들이 세상 돌아가는 소식도 전하곤 했던 곳의 중심지가 바로 덕산이다.

산 넘어 물 건너 무거운 짐 지고
지리지地理誌를 나침반 삼아
팔도강산 떠돌며 물건을 팔러다니던 옛 보부상!
〈예덕상무사 보부상전시관〉에
옛 보부상 행적을 한자리에 모아두었다.
보부상은 보상褓商과 부상負商을 총칭한 말!
봇짐장수 보상과, 등짐장수 부상의 애환이 담긴
이모저모 보부상들의 정겨운 모습을 덕산에서 만나자

그게 어디 그래서만 덕산이라 일컬어지는 것은 아니다.

매헌 윤봉길 의사 또한 덕산 출신이다. 그는 소년시절부터 국가와 민족의 앞날을 위하여 농민운동과 야학, 월진회를 조직하여 활동했다. 상해로 건너가 광복의 그날 위해 결행했던 상해의거는 천추千秋에 길이 빛나는 애국운동이었다. 그의 숭고한 정신과 사상을 함양하는 덕산 '충의사'가 오늘도 오가는 관광객들 발길을 머물게 한다. 국가와 민족을 지키고자 하는 독립정신, 충혼으로 다져진 땅이 바로 덕산이다. 덕이수암산, 용봉산 기슭에 최근 충청남도 내포신도시가 자리를 잡았다. 2012년도 12월 말 대전에서 완전 이주하여 새로운 100년 시대로 가슴이 설레고 있다.

윤봉길(1908~1932) 충남 예산군 덕산면 사량리 광현당에서 5남2녀 중 장남으로 태어났다. 4세까지 광현당에 머물렀다. 4세 이후 이사하여 중국망명 전인 23세까지 '저한당'에 머문다. '저한당狙韓堂'은 윤봉길의사가 지은 이름으로 '한국을 건져내는 집'이란 뜻이다. 이곳을 중심으로 냇물이 사방 흐르는 지세이므로 윤봉길은 일본이 절대 침입을 못한다는 뜻으로 '조선반도 속의 섬'이라 하여 도중도島中島란 지명을 붙인다. 윤봉길은 덕산보통학교와 오치서숙에서 공부했고, 19세에 야학을 하며 농촌계몽운동을 시작했다. 22세에 '월진회'를 조직하여 농촌운동을 적극 벌였다. 23세에 중국으로 건너가 1931년 김구 선생이 운영하는 한인애국단에 가입한다. 1932년 4월 29일 상해의 홍코우공원에서 상해사변 전승축하회가 벌어지는 가운데 도시락폭탄을 던져 일본총사령관 등 일본군수뇌부 제거에 성공했다. 윤봉길은 그 즉시 체포되어 24세로 사형에 처한다. 충의사(예산군 덕산면 덕산온천로 183-5)는 윤의사 영정이 봉안되어 있으며, 충의사 건너편에 윤봉길생가가 있다. 윤봉길의거기념일 4월 29일 전후로 매년 그의 호를 딴 '매헌문화제'가 열리고 있다. 사진은 윤봉길생가.

내포에서 만난 인물－김형배 목사

젊은이들에서 어르신네까지 존경받는 일곱 가지 이유

김형배 목사는 젊은이에서 어르신네까지 내포지역에 사는 이들 모두에게 존경받는 분이다. 그분이 존경받는 이유가 하나도 아니고 일곱 가지나 된다. 첫째는 직무에 충실하다. 목회자로서 교인들의 지도자로서 인격적으로 열정을 가지고 가르치고 행동으로 모범을 보인다는 것이다.

둘째로 세상 속에 살되 세속으로 흐르지 않고 또한 물질을 다스리되 물질에 자유로운 태도를 갖고 있다. 셋째, 쉬지 않고 교인이 24시간 내내 기도케 하는 교역자이다. 교회와 나라와 가정과 성도 그리고 지역부흥을 위해 교파를 초월하여 나누고 돕는 교역자이다.

넷째, 서민적이고 친절하며 마음에 늘 청렴성을 지니고 있으며 다섯째, 성도와 교회와 자신이 하는 일을 자랑하지 않으며 여섯째, 가슴은 뜨겁고 머리는 냉철하며 손길은 언제나 부드럽다. 마지막으로 모든 일을 예수의 이름으로 하고 예수의 영광을 위해 목숨을 건 목회자로서 교단에서 교회에서 성도와 이웃들로부터 존경받는 목회자이다.

목사는 많아도 존경받는 목회자는 없다는 이 시대에 그는 돈, 명예, 권력에서 자유로운 사람이다. 한경직, 강원용, 옥한음 목사의 뒤를 잇는 인물로 살고자 하는 자세가 은혜롭고 존경스럽다.

좋은 세상을 꿈꾸는 사람

가족들이 잠들어 깊어진 밤
창가에 스치는 외로움을 들어본 사람은 안다

흔들리는 세상이 기억하는 것들과
아주 쉽고 단순하게 빛나는 것에 대하여
입으로 소리를 쏟아내지 않고
귓불에 흔들리는 바람소리 들으며
고매한 생각 드러낼 즈음

어디선가 터지는 소리꾼의 노래가
순간순간 죽을 힘을 다하는
슬픈 숨소리 같으나 슬프지 않게
느림의 미학으로 전해져 와
자신을 익히며 깨달음 얻을 때

귀를 기울이면 내 삶이
또다른 방법으로 연출될 것이다.

– 임종본 시집 중

덕산인물-우제풍 농악인

예산사람들은 다 알아!
만년 예산풍물패 지도교수요 선구자요 리더

추천인 우제풍씨는 한때 우리나라 사물놀이의 대표자로서 이름 높은 농악인의 한 사람이다. 예산에 누가 사람 있는가? 이렇게 덕산과 예산에 대해서 모르는 교만한 사람한테 나는 들이대는 이름이 있다.

"야, 사물놀이패 이광수를 아는가?"
"그가 김덕수와 한패 아닌가요?"

이럴 때 내지르는 말,

"우제풍이 이광수씨와 같이 사물놀이 시작했고, 지금은 김무개도 우제풍씨의 멤버다. 이들이 다 예산사람들이라."

이쯤에서 말머리를 돌린다. 우제풍은 풍년을 맞이한 농악인이다. 그는 만년 예산풍물패 지도교수요 선구자요 리더이다. 대개의 유명인이라 하면 사람들은 시건방지고 오만하고 자기만 대단한 예술인처럼 고자세인데 우제풍은 꼭 사돈 앞에 서 있는 양반처럼 무연하게 그리고 무겁고 점잖게 처신한다. 그러면서도 제자들 훈련에서는 아주 단호하게 꾸짖고 채찍을 가한다.

이런 분을 우리는 야누스적이라 표현한다. 안으로 뜨겁고 겉으로 유순

하나 머리는 차가운 분이 우제풍 선생이다. 그는 예산지역에서 만년 문화원부원장으로 있었다. 높은 자리 탐낼 분이 아니니 그를 부회장으로 낙점한 것은 아닐까?

우제풍 그는 이름처럼 풍년이 들 비료가게를 운영하면서 예술인으로서 농악인의 길을 단단하게 걷고 있다. 그를 따르는 이가 많은 것도 다 이유가 있단다.

덕산맛집

진실이 반찬이란 철학을 지닌 '신토불이묵집'

덕산 인근에는 산채비빔밥으로 유명한 식당이 인근에 줄줄이 버티고 있다. 이 지역의 브랜드가치를 높이며 우리는 충실히, 맛있게 즐거운 여행 맛집을 즐길 수 있어 바람직한 일이다. 20여 가지가 넘는 헤아리기 어려울 정도의 산채나물이 밑반찬으로 등장한다. 그런데 이 수덕사 입구에 외롭게 그러나 외롭지 않게 존재하는 묵집이 있다. 이 묵집은 간판이 있긴 한데 그냥 묵집이다. 겨우 전화번호를 알아내어 통화가 이루어질 때 화답하는 음성이 신토불이묵집(041-337-5576)이다. 허튼 선전이나 광고에는 관심없는 식당이다. 알고 오는 사람에게 반갑게 정성스럽게 대접하고 상을 차리면 그게 반찬이라는 즉 진실이 반찬이란 철학을 지닌 묵집이다.

묵이 과실이나 곡식의 핵심엑기스이고 약선, 약용반찬임은 널리 알려져 있다. 허약한 사람에게는 보약효과가 있는데 특히 상수리묵이나 도토리묵이 사람에게 유익하다. 이렇게 도토리묵이 사람에게 좋다는 글 올리면 마음 한켠, 이제 다람쥐 먹잇감 줄어들면 어쩌나 겁이 더럭 난다.

당뇨나 혈압에 특히 좋고 소화기능에도 어느 보조식품도 따를 수 없을 정도로 묵의 효능은 탁월하다. 묵집 맛의 비결은, 곧바로 짠 들기름과 농약성분 묻지 않은 양념에 있다고 넌지시 일러준다.

청정지역 덕숭산 하늘과 별과 달을 바라보면서 서해안 바람을 마신 묵은 먹어도 먹어도 질리지 않는 음식이다. 어쩌면 아내같이 편하고 질리지 않는 약선식물이다.

연탄으로 구워먹는 한우고기의 진수 '고덕갈비'

덕산의 빼어난 산세와 더불어 덕산에는 전국 3대 고기집이라 불리는 **고덕갈비(041-337-8700)**가 있다. 연탄에 고기를 구워먹었던 추억을 아는 이가 오늘날에 그리 많지 않겠지만 그럼에도 모두들 연탄에 구워

먹는 고기가 맛있다는 사실만큼은 잘 알고 있을 것이다. 고덕갈비는 연탄으로 구워먹는 한우고기의 진수를 보여준다. 연탄으로 초벌구이하여 살짝 자른 채로 나오는 고기는 곧 숯불이 가득한 화덕에 얹혀 이중으로 구워진다. 밑반찬은 비록 양파와 마늘 그리고 동치미 정도로 소박하지만 그 고기의 정갈함과 부드러움은 어느 가게 못지않다. 밥을 시키면 나오는 뜨끈뜨끈한 배춧국은 배추뭉텅이로 자르지 않고 나오는데 그만큼 부들부들해서 먹기 쉽다. 갈비뼈를 우려 만든 소면은 갈비의 깊은 맛을 그대로 담고 있기에 소면의 부드러움과 얼큰한 맛까지 함께 느낄 수 있다.

옥계와 봉림 저수지에서 갓 잡은 붕어 · 매기 매운탕 '가루실가든'

덕산이 산이라 해서 생선요리를 무시해서는 안 된다. 인근의 옥계저수지와 봉림저수지에서 잡히는 신선한 붕어를 잡아말려 고춧가루 양념과 쌀과 국수를 함께 넣고 끓인 어죽은 말 그대로 혀끝에 녹아내려, 나이를 가리지 않고 즐길 만하다. **가루실가든(041-337-8700)**은 붕어매운탕, 메기매운탕 등 민물고기 매운탕을 주로 취급하지만 어죽이 별미로 큰 인기를 끌고 있다. 어죽은 맵지도 않고 짜지도 않아 담백할 뿐더러 참깨가루를 쳐서 고소한 맛을 자아낸다. 고추와 오이 등 밑반찬들은 다른 가게들처럼 화려하기보다는 소박하며 그래서 더 시골정취를 느끼기에 충분하다.

보 령

서거정의 고향, 오석벼루 전통에 빛나는 '보령'

무슨 까닭인가, 새벽꿈에 이어
아직까지 고향으로 돌아가지 않는 것은
– 서거정의 시 중

지금이야 보령 하면 머드축제나 젊음의 향락지인 대천해수욕장 정도로 잘 알려져 있지만 조선시대만 해도 보령은 손꼽히는 현학자들이 출생한 곳으로 명성이 드높았다. 조선 초중기 학자인 서거정은 보령이 낳은 인물이라 하겠다. 학문의 기운이 깃든 보령답게 고향에 대한 애정이 얼마나 깊었는지 그가 남긴 감성어린 시에서 잘 드러나 있다.

보령 출신의 서거정은 1420년 태어나 1488년 죽기까지 여섯 임금을 섬긴 신하로 유명하다. 서거정은 세조가 즉위한 이후에도 조정에 출사하며 충성을 다했는데 이 때문에 그를 신숙주처럼 벼슬에 연연하는 간신으로 오해하는 사람들도 많았다. 생육신으로 유명한 김시습과도 미묘한 우정을 유지했다는 점에서 실상 서거정은 사람을 가리지 않고 원만한 인간 관계를 맺었음을 헤아릴 수 있다. 계파를 가르지 않고 벼슬생활 또한 넉넉한 마음과 관대함으로 나라에 충정을 기했다고 이해해야 할 것이다. 이렇게 대인관계 폭이 넓고 후덕한 사람으로 알려진 서거정도 한성 땅에서의 관직생활은 힘겹게 느껴졌나 보다. 한성에 머물며 서거정은 자신이 나고 자란 고장, 보성에 대한 그리움을 시로 표현하며 자신의 울적함을 달래곤 했다.

나그네 가는 길에 아는 친구는 적은데(逆旅少親舊)
인생에 이별은 많구나(人生多別離)
무슨 까닭인가, 새벽꿈에 이어(如何連曉夢)
아직까지 고향으로 돌아가지 않는 것은(未有不歸時)

한 나그네가 길을 걷고 있지만 함께 할 친구는 적고, 가는 길이 다르기에 사람들과 쉽게 이별하여 낯선 땅에 머물고 있는 지금, 새벽이면 고향으로 돌아가지 않은 적 있겠는가. 세조가 단종을 내쫓고 왕위를 찬탈하는 험난한 시대를 살아온 서거정은 온갖 세파에 부딪쳐 살아오면서 많은 사람을 만났다. 그런 만큼 많은 이별을 간직해야 했다. 살벌한 관직생활에 나가기 이전의 고향생활이 어쩌면 낙원으로 여겨졌을지 모른다. 새벽마다 고향으로 달려가고픈 마음에 밤을 지새웠을지 모른다. 어쩌면 고향으로 돌아가지 않은 자신을 후회했는지 모른다. 서거정이 그토록 간절히 바라고 바라던 그 고향이 바로 보령이다.

보령시는 충남의 서남부에 자리해 있다. 차령정맥과 서해 사이에 위치하며 북쪽은 홍북지역 간척지를 경계로 하고 있다. 홍성군 서부면 결성면, 천수만을 경계로 하면서 홍성군 은하면 아차산 · 오서산을 또한 홍성군 장곡면에 접하고 있다. 동으로 오서산, 스무티 고개를 경계로 청양군 화성면, 성태산 · 백월산을 접하고 있다.

보령시는 지질상 석탄 매장량이 풍족하고, 남포면 일대는 특히 오석烏石 생산지로 유명하다. 오석으로 만든 벼루가 남포의 자랑거리다. 전통적 방식으로 제작되는 '남포벼루'는 고려시대 성리학이 발달하면서 널리 쓰였다. 1961년부터는 해외에 수출할 정도이다.

'보령 남포벼루 제작기술'은 무형문화재 제6호로 지정되어 있다. 3대에 걸친 전통기법이 문화재적 차원에서 인정받았던 것인데, 기능보유자 김진한씨가 현재 그 맥을 잇고 있다.

보령 남포는 오석烏石이 최고인 거라.
남포벼루라고 들어보았는가.
낙랑 때부터 사용되었고
고려 때 성리학이 성행하면서
널리 벼루가 쓰이게 되었지.
보령 남포 벼루기술이 최고다
오석을 가져와 이렇게 손으로
용과 봉황, 소나무, 대나무 등 무늬를 조각하는 거라
남포벼루의 특징이 뭔지 아는가?
먹이 잘 갈리고, 먹물이 마르지 않고 오래 남아 있다는 거다.

3대에 걸쳐 남포벼루를 제작하는 김진한씨 이외에도 보령에는 값진 돌을 예술품으로 만드는 장인정신에 빛나는 인물이 가득하다. 고석산, 박주부, 권태만 선생들의 업적을 들 수 있다. 어디 돌뿐인가? 보령이 낳은 소설가로는 김성동(1947~)이 있다. 서라벌고등학교 중퇴 이후 1975년

주간종교 현상모집에 소설 『목탁조』가 당선되어 문단에 나온 그는 1978년 『한국문학』 신인상으로 중편소설 『만다라』가 당선되면서 이것이 영화로도 제작, 화제를 모았다. 또한 이문희, 이문구, 이양우, 이원복 선생의 뒤를 이어 우후죽순처럼 신진작가 김나인, 김종광, 안학수, 손광야, 서순희, 최양희 등의 눈부신 활약도 기대된다.

오늘날 보령은 문화예술계의 뜻 있는 사람들이 많은 노력을 기울여 고무적일 정도이다. 광산개발로 금화를 끌어들였고 질 좋은 오석을 팔아 수익을 늘려 국가수익을 창출했다. 농어물 수확으로 풍요로웠던 그 옛날, 흥성거리던 보령 옛 모습을 보는 것 같아 기분좋아진다.

보령인물-박주부 조각가

단순하고 함의를 담고 있는 묵언의 석조각 이불로 오만을 덮다!

보령 진당산 표석 - 박주부 작

보령 출신의 박주부는 석조각 예술가이다. 그의 손길에서는 단단하고 굳센 돌도 묵처럼 갈라지고 무처럼 잘라진다. 숱한 개인전이나 초대전, 단체전 그리고 수상도 남다르게 많이 했다. 그러나 그는 그러한 상장이나 상패를 자신의 작업실 진열장이나 책가에 진열한 바 없다. 아마도 예술은 끝이 없는데 자신을 오만하게 할 수 있다는 근거에서 깡그리 이불로 오만을 덮듯 살아가는 것처럼 느껴진다.

박주부 작가는 동서양을 드나들면서 외국 조각가들과 눈높이와 식견을 여러 해 나누었다. 그는 조각만을 위해 태어난 것처럼 오직 한길로 달려온 사람이다. 그래서 책을 읽고 전시회를 찾아나서고 또한 세미나에 가서 조각가의 열정에 찬 음성을 직접 듣는다. 그것이 오늘날 박주부의 작품을 만들어냈다. 그의 예술성과 그의 단순하고도 함의를 담고 있는 묵언은 많은 철학과 사상을 내포하고 있다. 그래서 그의 작품을 선호하는 독자 중 외국인들이 많다.

보령맛집

조각가 박주부가 추천하는 '평강뜰애'
콩 심고 메주 쑤어 다려낸 '장맛'

석조각명장 박주부의 추천은 '농가밥상'과 주문식 음식을 전문으로 하는 **평강뜰애(041-934-7579)**를 꼽았다. 약간은 주문식단이라서 부담스러울 수 있지만 보령일대에서 으뜸가는 장맛을 손꼽았다. 주인이 직접 콩을 심고 가꾸어 메주를 쑤고 장을 담그어 일정기간 발효시킨 장맛을 자랑하는 이 '평강뜰애'는 충남의 농가맛집으로 공인받은 음식집이다.

이 전통식단은 청국장, 두부전골뿐 아니라 별미로 쩜장을 식단에 내놓는다. 쩜장은 옛날 선조 어른들이 건강식 최고장으로 여겼다. 이제는 그 장맛을 만들 수 있는 사람이 없다. 그런데 이집에서는 메주를 띄워 무김치를 익혀 넣고 다시 발효시킨 '살아 있는 장맛'을 자랑한다. 그 맛이 예술적이라 할 정도로 부드럽고 구수하다. 이를 중심으로 연밥이거나 청국장, 두부전골 등에도 다음과 같은 밑반찬이 따라 나온다. 방풍무침, 열무김치, 생두부, 버섯볶음, 돼지고기수육, 깻잎, 수수가루부침 등이다.

필자가 맛보기에는 이런 음식에는 생강과 고춧가루를 주로 사용하는 것 같다. 율곡 이이 선생은 제자들한테 "생강처럼 매섭고 또한 생강처럼 조화로워야 한다"고 평소 역설했다는 기록이 전해진다. 사실 생강은 모든 음식에 조화를 이룬다. 초, 장, 조, 염, 밀 그 어느 것과도 잘 어우러진다. 생강은 탕에도 들어간다. 약에도 과자에도 술에도 차에도 사용된다. 소동파는 평생 생강을 곁에 두고 애용했다고 전한다. 생강의 원산지는 남태평양이다. 인도를 거쳐 중국을 통해 우리나라에 수입되었다. 조상들이 호랑이를 쫓기 위해 생강을 빻아서 댓돌 위에 두거나 태우면 모든 악귀도 사라진다고 했다.

추사 김정희 선생도 젊은 시절부터 "모든 채소에 생강이 최고"라고 일컬었다고 전한다.

이 '평강뜰애'는 전통을 빼놓고 아무런 가치가 없다고 자부하는 식단이다. 그래서 박주부 명장의 추천이 빛나는 것일까?

'터가든' 별미인 천연 굴맛으로 승부하다

서거정의 고향이 선사해주는 별미로 굴이 있다. 보령 인근의 바닷가에서 채취한 자연산 굴은 서해안에서 채취하는 굴 중 최상품으로 손꼽힌다. 보령시 천북면 장은리에 위치한 **터가든(041-641-4232)**은 보령 인근에서 맛집으로 워낙 유명하다. '찾아라 맛있는 TV'에 소개되었을 정도다. 터가든은 1년 내내 굴요리 품질을 유지하기 위해 장은리 죽도 앞바다에서 채취한 굴을 이용하기에 신선도 면에서 그 어떤 식당에 뒤지지 않는다고 자부한다. 우리는 흔히 굴하면, 남해에서 양식한 크고 살부위가 흰색인 굴을 연상하는데, 터가든이 취급하는 자연산 강굴은 크기가 작고 약간

회색 빛깔을 띤다. 그러나 양식이 아닌 천연굴이라 맛과 향기 면에서 비교할 수 없다. 가격도 양식굴보다 3배 정도 비싸다. 이 굴을 부침개로도 만들고 시큼한 레몬즙을 곁들여 오이와 함께 찍어먹는 생회로도 즐긴다. 또한 생굴 비린내가 너무 싫다면 돌솥밥에 밤과 대추를 함께 넣어 식감을 즐겨도 된다. 무엇보다 초고추장과 깨와 배, 쪽파를 총총 썰어 넣어 육수에 둥둥 띄워 먹으면 여름더위는 저절로 물러갈 수밖에 없다. 그맛의 비법이 여기 터가든에 있다. 또한 터가든만의 별미, 굴튀김도 그냥 지나쳐서는 절대 안 된다.

'辛그집쭈꾸미' 쭈꾸미 볶음 맛있게 드는 십계명

대천의 갯벌은 쭈꾸미의 텃밭이기도 하다. **辛그집쭈꾸미(041-935-0022)**는 쭈꾸미 볶음으로 유명하다. 쭈꾸미는 낙지보다 더 몸집은 작지만 그만큼 속이 알차서 씹는 맛을 강하게 전해준다. 여기에 매운 소스가 첨가되니 씹을수록 매운맛을 달랠 수 있는 일석이조 효과를 거둘 수 있다. 이 가게의 볶음은 다소 매운 편이라 순한맛, 보통맛, 매운맛 중 순한맛을 권하는 편이다. 이 가게만의 볶음은 숯불에서 구운 것처럼 그윽하면서도 깊게 배인 향을 자랑한다. 비빔그릇에 밥을 넣고 무생채, 콩나물무침, 얼갈이, 치커리를 넣은 뒤 볶음을 섞어 비벼먹으면 그맛을 잊을 수 없다. 매우면 오이를 동동 띄운 묵사발이 기다리고 있으니 실망하지 말라.

부여

백제를 그리워하는 못 다한 노래 부여별곡
- 국립부여박물관, 백마강, 서동요, 껍데기는 가라…

천 오백 년, 별로
오랜 세월이 아니다
– 신동엽 「금강」 중

백제 하면 모두들 마지막 수도 사비성이었던 부여를 기억할 것이다. 그 누구든 부여에 오면 먼저 낙화암을 볼 것이고 국립부여박물관을 가보고 싶어할 것이다. 공주와 더불어 백제문화를 집약적으로 볼 수 있는 도시이기 때문이다.

역시 부여박물관에 가면 무엇보다 백제를 대표하는 향로, 〈백제금동대향로〉를 보고 가야 부여박물관에 갔다 왔다 말할 수 있으리라.

1993년 부여 능산리절터에서 작업하던 중 발굴된 이 금동대향로는 발견 당시 세인의 관심을 집중시켰다. 일단 향로의 높이가 64cm. 기존 향로보다 매우 크다. 그리고 향로가 보여주는 기술의 완벽함, 뛰어난 예술성에 깜짝 놀라지 않을 수 없다. 특히 백제장인의 예술혼에 빛나는 정교한 기술에 감탄사가 절로 난다.

이 향로는 불교의식에 주로 사용되었는데 제작지와 연대는 확실하지 않지만, 약 6세기 백제에서 제작한 것으로 추정된다. 귀한 문화재이다 보니 부여박물관 특실에 잘 모셔 있다. 향로는 몸체를 중심으로 뚜껑이 덮여 있고, 받침대가 향로를 떠받들고 있다. 구리합금으로 주조한 뒤 도금되었다. 그릇에는 연꽃무늬가 새겨 있고, 받침 모양은 역동적으로 용이 휘감는 모습이다. 뚜껑 맨 위에는 봉황이 여의주를 물고 있고, 큰새와 작은새 신선과 악사, 동물들이 서로 어우러져 있다. 이것이 예술이다. 전체적으로 백제인의 뛰어난 기예를 느낄 수 있는 이 향로를 바라보면서 오늘날 뛰어난 상술로 치닫는, 겉만 화려한 예술품(?)을 떠올리며 쓴웃음 짓는다.

백제 곳곳을 다니다 보면 이 향로 모양을 어디에서든 발견할 수 있다. 거리간판, 식당유리, 선착장, 로터리 등등. 그만큼 부여인들은 금동대향로를 백제의 자랑거리로 여기고 있기 때문이리라. 전통을 사랑하고 예술을 생활화하는 평범한 부여인들의 모습은 신선함, 그 자체이다.

내킨 김에 마음만 먹으면 단 하루 만에 유적지 탐방이 가능할 정도로

국립부여박물관 1929년 '부여고적보존회'로 발족, 시작된 이래 현재까지 약 80여 년에 이르는 깊은 역사를 간직하고 있는 유서 깊은 박물관이다. 국립부여박물관은 부여읍 금성로 1번지에 위치해 있으며 국보 3점과 보물 5점 등 총 32,000여 점의 백제 유물을 소장하고 있다. 부여박물관 한쪽에는 〈박만식교수 기증실〉이라 하여 박만식 교수가 기증한 40년 동안 모은 유물을 전시하는 공간도 마련되어 있다. 사진은 국립부여박물관 정문 앞.

백제금동대향로 부여 능산리에서 출토된 높이 64cm의 대작. 금동대향로 받침은 한 마리 용이 웅비하듯 역동적으로 표현되었고, 거대한 입으로 향로의 아랫부분을 물고 있는 모습. 향로의 뚜껑과 몸통의 분위기는 꽃망울진 연꽃 모양이며, 향로 몸통에는 신선 2인과 더불어 물고기와 사슴 등 26마리 동물이 조각되어 있다.

부여는 아담하고 아름다운 도시이다. 백마강변을 끼고 부소산성을 먼저 가보는 것이 어떨까. 여기서 백제의 슬픈 멸망장소 낙화암과 백마강, 고란사 등을 들러보는 것도 괜찮다. 또 백제불교의 역사와 유적이 담긴 정림사지박물관을 찾아가보는 것도 좋으리.

그리고 시간이 허락되면 드라마 「서동요」의 제작현장인 백제 30대 무왕이야기의 무대인 '궁남지'를 가보는 것도 흥미로우리라.

「서동요」는 민요로 보는 견해도 있고 『삼국유사』에서는 '기이紀異 제2 무왕武王 조'에 서동설화薯童說話로 수록되어 전한다. 이 설화에 의하면, 「서동요」는 백제 무왕이 소년시절에 서동으로서 신라 서울에 들어가 선화공주를 얻으려고 지어 부르게 되었다고 기록되어 있다.

"선화공주님은(善花公主主隱)
남몰래 정을 통하고서(他密只嫁良置古)
서동방을(薯童房乙)
밤에 몰래 안고 간다(夜矣卯乙抱遣去如)."

백제에는 그런 낭만성과 무모한 도전, 기백, 예술, 비애가 동시에 존재한다.

부여를 유유히 흐르는 백마강에 삼천궁녀가 추락하며 자신들의 지조와 절개를 지켰던 바로 그 슬픈 이야기를 간직한 백마강. "백마강 달밤에 물새가 울어 잃어버린 옛날이 애달프구나! 저어라 사공아, 일엽편주 두둥실! 낙화암 그늘에 울어나 보자" 절절한 노래가사처럼 백마강에 오르며 많은 문인들은 눈물지었다. 「껍데기는 가라」로 유명한 신동엽● 시인조차도 부여에서 태어나 자라며 백마강이 흘러드는 금강까지 나아가며 슬픔을 시로 승화시켰다. 이제는 잊혀 「금강」을 새삼스레 기억해내지 못했다면 그건 신동엽 시인의 껍데기만을 남겨놓는 일인지도 모른다.

신동엽의 「금강」은 바로 고향에 대한 애환과 역사의식이 충돌하여 빚어낸 역작이다. 혁명아 전봉준의 일대기이면서도 허구적인 '하늬'란 인물의 일대기가 맞물리며 사건이 일직선으로 진행되지 않고 과거와 현재를 오가며 진행된다. 하늬의 출생지는 부여로.

하늬의 아버지에 대해선
아무도 몰랐다

라는 표현에서 보듯 자신의 고향 부여와 백제의 역사를 신비감으로 덧씌운다. 그의 백제에 대한 언급은 이에 그치지 않는다. 하늬는 전봉준과 의

● **신동엽** 부여초교를 거쳐 전주사범을 나온 뒤 단국대 사학과에 이어 1966년 건국대 국문과 대학원을 졸업했다. 충남 주산농고, 서울 명성여고에서 교편을 잡으며 그는 자신의 짧은 인생을 시작을 위해 바쳤다. 1959년에 조선일보신춘문예에서 「이야기하는 쟁기꾼의 대지」로 입선하고 나서 1963년에 첫 시집 『아사녀』를 간행하고 67년에는 서사시 「금강」을 쓰며 역사적 소재를 통해 민족의 수난과 역사의식을 고취시킨 작품을 썼다. 장시 안에 역사성을 담아내며 민족적 운명에 대한 뜨거운 사랑을 맑은 감성, 은유, 고운 언어로 표현하여 미의식과 조화를 이룬 시를 쓴다는 평을 받고 있다.

형제를 맺고 농민전쟁에서 활약하며 오랫동안 억눌린 민중의 한과 부여 땅에서의 백제 정서를 풀어낸다.

> 백제
> 천 오백 년, 별로
> 오랜 세월이 아니다
> 우리 할아버지가
> 그 할아버지를 생각하듯
> 몇 번 안 가서
> 백제는
>
> 우리 엊그제, 그끄제에
> 있다

전봉준 이하의 동학농민 운동가들의 해방정신은 과거 백제의 기상으로도 연결되어 시인에게 역사적 사명을 부여한다. 신동엽 시인은 전봉준만을 노래하는 데 그치지 않고 백제라는 더 먼 과거를 돌아봄으로써 우리 미래를 설계해 나간다. 우리는 언제나 엊그제, 그끄제라는 과거 속에서 살아가기에 과거는 더 이상 남의 이야기가 아니며 우리의 현재이기도 하다.

> 백제
> 예부터 이곳은 모여
> 썩는 곳
> 망하고, 대신
> 거름을 남기는 곳

금강
예부터 이곳은 모여
썩는 곳
망하고, 대신
정신을 남기는 곳(23장)

백제가 망한다는 과거조차도 시인에게는 중요하지 않다. 망하는 대신 정신을 남기며 우리는 그 정신을 갖고 살아가기 때문이다. 비록 백제는 허망하게 멸망했지만 그 정신은 부여를 통해 아직까지 살아숨쉬고 있다. 사람은 모두 죽어 땅에 묻혀 썩어 없어지지만 그 정신은 그의 자식과 손주들을 통해 살아남는다. 이것이 과거의 것을 지켜야 하는 이유이며 우리의 사명이지만 새 것만을 추구하는 현재 모습에 그저 답답할 따름이다. 하지만 부여의 정신과 경치는 그러한 답답함에서 벗어나게 해준다. 슬픈 전설의 곡소리가 사무치며 이 아름다운 부여를 더욱 찬란하게 빛나게 한다. 술 한잔 해야겠다.

저어라 사공아, 일엽편주 두둥실
낙화암 그늘에 울어나 보자

고란사 종소리 사무치며는
구곡간장 올올이 찢어지는 듯
누구라 알리오 백마강 탄식을
깨어진 달빛만 옛날 같으니…●

● 김용호 작사, 임근식 작곡의 「꿈꾸는 백마강」의 노랫말 일부. 가수 이인권이 1942년 오케레코드에 취입하여 히트했다.

부여인물-박천동 목공장인

"목수 뒤꽁무니 따라다니며 심부름하다
15년 흘러가자 자연 목수가 되더라!"

한많은 비운의 땅, 부여에는 지금도 무속인들이 많다. 작가 이문구는 과장법을 섞어 몇 집 건너면 무속인이 한 집 있다고 말한 적이 있다. 이것은 그가 '매월당 김시습'을 쓰기 위해 부여 외산 그리고 무량사에서 겪었던 경험에서 나온 말이리라.

그런데 '석가든'을 맛집으로 소개해준 이 시대의 마지막 장인匠人 중리中里 박천동씨도 이문구 작가의 말에 동의하면서 그것을 그는 '한의 표출'이라 해석했다. 부여 외산이나 홍산이나 당집에 붉은 깃발이 오늘도 휘날리는 것은 21세기 디지털시대에도 백제의 한恨은 아직도 뭉쳐 있다. 그러나 그 한을 단칼에 해결할 수 있는 방법이 있는데 그는 '예수신앙'이 그 한을 승화시켜 행복으로 안내한다는 이론이다. 그는 안수집사다운 덕을 지닌 분이다. "어려서부터 목수 뒤꽁무니 따라다니며 심부름하다 15년 흘러가자 자연 목수가 되더라!"고 말했다.

필자는 그것은 중리가 겸손해서 하는 말일 것으로 믿는다. 그가 소목장이라지만, 못 하나 박지 않고 책상이나 경대, 소반 만드는 기술이 절로 생기는 것이 아니다. 복잡한 구조가 서로 맞물리며 결합, 완성되는 공예작품이 하루아침에 뚝딱, 결코 만들어질 수는 없기 때문이다.

그는 국가기능 보유자이며 몇 개의 공예품전시회에서 상을 받은 저명한 목공장인이며 소목장이다. 그의 기질을 이어받은 큰아들 박용직이 지금 아버지 뒤를 이어 기술을 전수받고 있는 중이다. 자손이 대를 이어 전통문화를 지켜낸다는 것은 바로 애국운동의 일환이다. 영국이나 프랑스 뒷골목에 가면 3대, 4대가 전승된 소기술자들이 많다. 신용과 인증으로 가계로부터 대대로 쌓아온 작은 기술이 마침내 강국으로 만드는 데 큰 기여를 했다는 것은 불문가지이다.

중리 박천동은 휴머니즘의 목수이다. 나무를 베어 쓴 만큼 산에 나무를 심는 애국자이다. 그는 그 흔한 톱밥조차 허투루 버리지 않는다. 난로나 아궁이에서 나뭇조각이나 톱밥을 에너지로 대용하여 보는 이로 하여금 가난한 시대를 지혜롭게 견뎌낸 사람임을 증명한다. 그는 목수이면서 인문, 지리를 넘어 세계사를 훤히 꿰고 있다. 나무의 성질, 그 문양, 그 껍질만 보아도 속이 어떻다는 것을 귀신처럼 알아내는 슬기를 보인다. 또한 그가 만드는 행자소반, 창틀, 책상, 경대 어느 하나도 나무의 결과 그 살아온 위치를 살려 가구와 소품을 만들어낸다.

15세 이후 그가 만든 창호나 소품들은 60년이 넘어서도 아직 튼튼한 것은 그 장인정신의 결과 아닐까? 그가 지키는 작은 공방 '옥산목공소'는 오늘도 톱날소리가 요란하다. 그한테는 선전이나 홍보가 전혀 필요없다. 이는 신용과 정직, 착한 가격으로 봉사하겠다는 뜻으로, 그리스도 사랑의 실천과 닮아 있지 않은가….

부여맛집

박천동 장인이 추천하는 '석가든'
조각예술품에 둘러싸여 오리 · 닭고기 맛에 인동주도 한잔!

박천동 장인이 추천한 **석가든(041-836-5275)**은 부여군 외산면 외산로 골목으로 쏙 들어간 맛집이다. 시골이라서 얕잡아 볼 수 있는 식당으로 오인될 가능성이 백퍼센트이다. 한적한 면사무소 동네이지만 여전히 이곳 음식점에 손님들로 붐비고 있다. 그 까닭을 살펴보자면 세 가지 정도이다.

첫째는, 주인이 미술대학 조소과를 나와 방안 가득, 조각예술품을 진열하고 있기 때문 아닐까.

둘째는, 대대로 이어온 전통고추장 즉, 찹쌀고추장이 밥상 가운데 턱, 버티고 앉아 마늘과 양파의 삼합으로 입맛을 돋우기 때문이다.

셋째는, 이집은 오리와 닭이 전문인데 남다른 육질과 고아달이는 비법으로 누구나 한 번 다녀간 사람이 다시 찾기 때문이리라.

이러한 세 가지 장점이 가능한 것도 음식점 바로 입구가 매월당 김시습이 머물며 공부한 홍산 무량사가 있기에 가능한 것은 아닐까. 이렇게 생각하면 내 판단이 지나친 걸까. 평시에도 무량사를 찾거나 등산객들이 땀 흘리며 허기진 배를 채우기 위해 바로 찾아들기 좋은 장소가 바로 '석가든'이기 때문이다.

부여의 맑은 물타령만 하면서 그 물로 만든 술을 무시한다면 부여의 인동주가 적잖이 섭섭해할지 모른다. 백제시대 왕과 귀족의 관모장식 등에 사용하여 백제의 상징적 식물로 알려진 인동초. 인동초꽃잎만 엄선해 인동주를 만들었다는데, 인동초 꽃잎이 얼마나 아름다우면 '금은화金銀花' 라고도 불리었을까. 『동의보감』에서는 이 인동초가 해열, 해독 및 종창, 염증, 이뇨, 기타 보양, 보강 등에 효험이 있다고 소개되어 있다. 인동주는 향기가 은은하고 뒤끝도 없어 매력 그만이다. 일본에까지 수출하는 이 인동주에 연잎밥과 의어회를 곁들인다면 의자왕이 부럽지 않으리.

인동초 백제를 상징하는 식물로, 백제시대 왕과 귀족의 관모장식 등에 사용하기도 했다. 인동초 꽃잎으로 인동주를 만들기도 한다. 인동초를 금은화로 부르기도 한다.

삼오식당의 진미! 신비로운 맛, 의자왕이 즐겼다는 '의어'

슬픈 역사와는 달리 아직까지도 고요히 흐르기만 하는 금강은 그 맑음만큼 우리의 입을 맑게 해줄 음식들이 우릴 기다린다.

백제시대에 의자왕이 즐겼다고 해서 '의어'라고도 일컫는 이 물고기는 조선시대 왕가에 진상될 정도로 진기한 생선으로 손꼽힌다. 이 의어는 특별히 충남지역에서만 맛볼 수 있는 생선으로 부드러우며 감칠맛이 난다. 민물에서 부화한 뒤 여름에서 가을을 거쳐 바다로 내려가 겨울을 지낸 뒤

성어가 되어 다시 민물로 올라오는 어종이다. 바닷물에서 자랄 때는 뼈가 굵어 씹기 힘들지만 민물에서 생활하는 2월에서 6월 사이에는 뼈가 연해 회로 먹기에 제격이다. 특히나 풋마늘과 미나리를 잘게 썰어 초고추장에 버무린 의어회는 씹을수록 특유의 고소한 맛이 살아난다. 그맛이 신비롭게까지 느껴지며 김에 싸먹으면 맛은 더욱 배가 된다. 또한 시큼한 맛은 지루한 일상생활, 생기 잃은 입맛에 적절한 위로가 된다.

부여 석성면에 위치한 **삼오식당(041-836-5712)**은 이미 이 의어회로 그 명성이 자자해 굳이 독자에게 알려줄 필요가 없을 정도이다. 참고로 여기서는 의어회를 우어회 또는 우여회로 부르니 알아두자.

돌솥에서 각종 야채와 편육을 곁들여 연잎에 싸먹는 즐거움!

부여의 맑은 물은 고운 연잎을 낳는다. 부여에서는 연잎밥도 인기이다. 먼저 인삼과 각종 한약재를 넣어 돌솥밥을 만든 뒤 각종 야채와 편육을 돌솥에서 연잎과 함께 싸먹는다. 연잎의 싱그러움과 향긋함이 돌솥밥의 훈훈한 향기를 더해주기에 일품이다. 부여 구드래 음식특화거리에 위치한 **구드래돌쌈밥(041-836-9259)**은 이런 쌈밥집 중에서 단연 으뜸이다. 양상추, 양배추, 신선초, 비트, 케일, 치커리, 청경채, 적겨자, 토스카, 오클립 등 이름마저도 생소한 야채들이 연잎과 경쟁하며 우위를 가리니 입과 혀는 마냥 즐거워진다.

목포

사공의 뱃노래가 여울지는 '목포'는 항구다
- 목포근대역사관, 이난영공원, 김지하 시인의 고향

금강추월

영산강 안개 속에 기적이 울고
삼학도 등대 아래 갈매기 우는
그리운 내 고향 목포는 항구다
목포는 항구다 이별의 부두

유달산 잔디밭에 놀던 옛날도
동백꽃 쓸어안고 울던 옛날도
흘러간 내 고향 목포는 항구다
목포는 항구다 똑딱선 운다

여수로 떠나갈까 제주로 갈까
비 오는 선창머리 돛대를 잡고
이별주 내 고향 목포는 항구다
목포는 항구다 추억의 고향

– '목포는 항구다' 가사 중

「목포는 항구다」라는 이난영 노래가 그렇듯 영화제목으로도 쓰이며 널리 퍼진 이 언어가 지닌 간결한 힘, 달리 무슨 말이 필요하겠는가. 그리운 내 고향, 이별의 부두… 목포는 그야말로 항구도시다. 나라 잃어 서럽고 굶주린 배를 움켜쥐며 1년 내내 경작한 곡물을 일본에게 바쳐야 했던 뼈아픈 역사의 현장 항구도시 목포. 1920년경 조선의 토지와 자원을 수탈할 목적으로 이곳 목포에 동양척식회사 건물이 들어섰고, 이후 90여 년의 세월이 흘렀건만 믿기지 않을 정도로 이 동양척식회사 건물은 견고히 서 있다.

목포근대역사관 목포항 개항 이후 목포는 일흑 삼백(해태, 쌀, 소금, 면화)의 포구라 불리었다. 목포가 급성장하자 1920년경 동양척식회사가 건립되며 이곳에서 직접 금융부과 관리부를 운영했다. 해방이후 목포 경비부가 주둔했다가 1974년부터 1989년까지 목포해역사 헌병대로 사용했다가 10년 동안 빈 건물로 방치되어 있었다. 철거작업이 시작되면서 시민단체에서 문화재청에 건의하여 이 건물이 지닌 역사성과 근대건축물로서의 가치를 인정받아 1999년 11월 20일 전라남도 기념물 174호로 지정되었다. 2006년 7월 〈목포근대역사관〉으로 새롭게 단장했다.

역사의 증거. 그러기에 목포는 눈물을 흘릴 수밖에 없다. 필자는 '목포의 눈물'이 떠오를 때면 왠지 가슴이 서늘해지고 막막해지며 무거워지는 감을 감출 수 없다. 이 무엇인가 억눌리고 부자유한 비애를 담은 노래가, 그 가사가 지닌 의미가 이미 역사가 되어버렸기 때문이다. 문일석 작사, 손목인 작곡, 이난영이 부른 「목포의 눈물」은 사연이 많다. 1933년 조선일보 신춘문예 향토가요 가사로 당선되었고, 1935년 「목포의 눈물」이 탄생하며 한 많은 우리 국민의 애환을 달래주는 노래로 자리하게 되었다.

사공의 뱃노래 가물거리면
삼학도 파도 깊이 스며드는데
부두의 새악씨 아롱젖은 옷자락
이별의 눈물이냐 목포의 설움

삼백 년 원한 품은 노적봉 밑에
님자취 완연하다 애달픈 정조
유달산 바람도 영산강을 안으니
님 그려 우는 마음 목포의 노래

깊은 밤 조각달은 흘러가는데
어찌타 옛 상처가 새로워진다
못 오는 님이면 이 마음도 보낼 것을
항구에 맺은 절개 목포의 사랑

그러나 이 노래 중 2절가사 "삼백 년 원한 품은 노적봉 밑에~"로 인해 일제시대 저항가요로 지정, 금지곡이 되기도 했다. 여기서 삼백 년이란, 임진왜란이 일어난 지 300여 년이 지났어도 여전히 일본 지배하에서 설움과 수탈을 겪어야 했던 우리 민족의 슬픔과 한의 세월을 의미한다.

희망과 미래를 잃어버린 이땅에서 목포 출신의 작사자와 가수가 한데 뭉쳐 나온 명곡이다. 손목인, 이난영 모두 목포 삼학도 삼락이 고향이다. 목포에 대한 그리움, 애달픔, 끈끈한 사랑이 담긴 이곡이 그 시대 널리 사랑받았던 것은 어쩌면 당연하지 않은가. 나라 잃은 국민에게는 목포의 눈물이 곧 내 눈물이고 국민의 눈물이며 국가의 눈물이기에.

목포에 오면 삼학도에 조성된 〈이난영공원〉도 들러봄직하다. 20년 된 백일홍나무 밑에 그녀의 유골이 숨쉬고 있다. 그 백일홍나무에서 그녀의 애잔한 목소리가 미풍따라 들려오는 듯하다. 이 노래를 부를 당시 이난영 나이 19세였다. 그리고 49세에 생을 마쳤다. 다시 고향땅에 묻혔다. 그리고 〈이난영공원〉은 여전히 그녀를 기리고 있고 사람들 발길을 머물게 한다. 주옥같은 그녀의 노래 「목포의 눈물」은 영원하다.

요새 젊은 가수들이 이를 현대감각으로 부르는 것을 들었다. 이 또한 색다른 맛을 준다. 골동품처럼 나이든 사람들의 옛추억 달래는 노래로 저켠, 먼지 쌓인 곳에 놓여 있기보다 이렇게 시대를 뛰어넘어 애창되는 노래가 진짜배기다.

이난영(1916-1965) 2006년 삼학도에 문을 연 〈이난영공원〉

이 공원에는 이난영의 히트곡 「목포의 눈물」과 「목포는 항구다」 노래비와 이난영 여사의 '수목장'이 있다. 이는 우리나라 수목장 제1호다. 수목장은 죽은 유해를 화장, 뼛가루를 나무뿌리에 묻어 장례를 치르는 방식. 경기도 파주 공원묘지에 있던 이난영 여사의 유해를 목포 삼학도로 옮겨와 20년생 백일홍나무 밑에 화장한 유골을 묻는 방식으로 수목장 안장식을 했다. 세상을 떠난 지 41년 만에 수목장을 거행하며 〈이난영공원〉이 조성되었다.

저항가요를 언급하다 보니, 저항문학이 떠올랐다. 그러고 보니 「타는 목마름으로」라는 저항시를 쓴 김지하(1941~) 시인이 목포 출신이다. 투옥되면서도 타는 목마름으로 민주주의를 외치던 김지하는 오늘날 저항정신을 뛰어넘었다. 그가 노래하려는 바는 이제 저항정신이기보다 인간과 만물이치를 담는 우주론에 관심이 쏠려 있다는 인상을 받았다. 그러기에 김지하가 1999년 출간한 『중심의 괴로움』이란 시집에 주목해야 한다.

내 고향

– 김지하

산끝에서 해까지
얼마나 먼가

거긴 네가 사는 곳

그 거리는
내 그리움의 길이

그리움 끝에 산 끝에
밤엔
별도 뜨고

별 너머
스티븐 호킹의 검은 구멍과
아기우주가 있고 그 너머

붙박이 채송화 같은
네가 사는 곳

아스라한 그 거리는
내 그리움의 길이

끝끝내 돌아갈
우주
내 고향

끝끝내 돌아갈 우주 내 고향

김지하 시인이 간절히 고향으로 돌아가길 바라는 염원은 노래가 된다. 그는 고향을 노래하면서 우주를 노래하고, 우주를 노래하면서 고향을 노래한다. 김지하에게 이제 고향 목포는 항구를 떠나 우주의 노래가 되고 있다. 다시 고향으로 돌아가고야 말리라, 선언하고 있다. 그럼으로써 그는 고향이자 자신의 근원을 향해 나아간다. 그 근원인 목포는 오늘도 김지하의 회향을 기다리고 있다.

목포인물-명기환 시인

목포의 문화예술을 알고 싶다면 명기환 시인을 찾아라

명기환은 목포 출생의 시인이다. 대학 4년 재학시절만 빼고 목포에서 줄곧 생활하고 있는 토박이시인이다. 목포의 문화예술에 대해 알고 싶다면 명시인을 찾으면 된다. 그는 목포의 백과사전이다. 음식 · 포구 · 그림 · 수석 · 연극 · 영화에 이르기까지 모르는 것이 없다. 그는 60년대 초반 명동 청산다방에서 시화전을 개최하고 있었다. 갓 동국대학교 국문학과에 입학한 그는 서울, 그것도 명동 한복판에서 목포의 예술적 저력을 발휘하고 있었다.

필자는 지금은 일류시인이 된 박제천 형과 고인이 된 시인 홍희표 교수, 송유하 시인, 선원빈 소설가와 '은성술집' 근처에 있는 '청산다방' 시화전에 들러 목포의 명기환 문학의 싹을 엿볼 수 있었다. 그는 서정주 시인, 양주동 시인, 조연현 평론가 등 대한민국의 권위 있는 스승을 모셨다고 기염을 토했다. 시인이 된 그는 목포에 내려가 고등학교교사로 평생을 헌신하고 정년을 마쳤다. 문협 목포지회장, 예총 목포지회장을 역임한 그는 세상 명리를 떠나 구름처럼 자유롭게 살면서 열정으로 시를 써 왔고 목포예술을 위해 지금도 살고 있다. 우리나라 '남도의 포구기행'을 중앙 일간지에 연재한 부지런하고 해박한 시인이다.

목포맛집

명기환 시인이 추천하는 '올레길'
목포의 명산품 세발낙지 전문점

낙지를 잘못 발음하면 '낙제'로 들린다. 수험생에게는 상극의 음식이다. 그러나 낙지가 연체어물로 팔완목八腕目 낙지과류에 속한다. 한자어로는 '석거石距'라 하면서 장어章魚라고 쓴다.

『자산어보』에 맛은 달콤하고 회 · 국 · 포를 만든다고 기록되어 있다. 8

개의 팔이 머리에 붙어 있다고 팔완목이라고 칭했다. 8개의 팔 가운데 1연 내지 2연에 흡반이 있다. 갑각류나 조개 따위를 잡아먹을 때 흡반을 쓴다. 입은 팔 가운데 형성돼 있고 날카로운 턱판과 치설로 먹이사냥을 한다.

한국의 남도해안에 많고 바다의 돌틈, 뻘 속에서도 산다. 이 낙지는 붙으면 잘 떨어지지 않아서 최근에는 수험생에게도 인기다. 이 세발낙지는 낙지다리가 가늘다고 하여 부르는 이름이다. 잘못 인식하면 세 개의 다리를 가진 어물로 착각할 수가 있다.

뭐니 뭐니 해도 세발낙지는 목포의 명산품이다. 그러나 이제 이 세발낙지는 전설이 되어 버릴지 모른다. 자원의 보고인 뻘밭이 방조제에 막히면서 생태계가 파괴, 황폐화되어 어쩌다 눈에 띄는 세발낙지가 그림의 떡으로 또는 금값으로 미친년 널뛰는 처지가 되었다.

시인 명기환씨가 안내하는 추천 별미집은 올레길(061-287-7162)이다. 신안 뻘낙지 소낙탕이 전문이란다. 특히 신안갯벌 낙지만 사용하는 이 별미집은 남도의 낙지전문집 가운데서도 낙지맛이 달고 오묘하며 보드라운 맛을 자랑한다. 특히 이맛을 유지해주는 데 궁합맞는 밑반찬이 수반되는데 이집 주인의 탁월한 선택, 그 묘미가 돋보인다.

게, 호나물, 깻잎, 전복국에 콩나물을 넣어 시원한 국물맛은 이름난 기존의 낙지 명문식당을 압도하고 있단다. 이제는 낙지가 귀해 연포탕이라도 한 그릇 먹으면 행운이라 하겠다.

전남의 식탁에서 인삼 다음 가는 어물로는 세발낙지가 제일이다. 다만 좀 잔인하게 썰어놓은 세발낙지가 초장에 빠져 흐물거리는 것빼고는….
어허, 이 더위에 보양식으로 어찌 멍멍이만 좋겠는가?

쑥굴레, 목포에서 모르는 사람이 없다?

쑥굴레(061-244-7912)는 목포에서 이미 모르는 사람이 없을 정도로 유명한 떡집이다. 압구정에 지점까지 냈다고 하는 유명한 맛집. 이름만 들으면 다소 무슨 음식점인지 이해하기 쉽지 않다. 쑥굴레는 달리 쑥굴레, 쑥글래, 쑥구리라고도 한다. 쑥을 넣은 찹쌀떡을 일컫는데, 이 떡의 특성상 절대 기계로 만들 수 없어 수작업으로 이루어진다고 하니 이 또한 목포 나름의 먹거리, 볼거리 중 하나라 하겠다.

맛이 박하다? 정약전도 울렸던 준치맛 '선경준치회집'

우리가 잘 아는 속담 중 '썩어도 준치'라는 말이 있다. 준치는 썩어도 맛있다는 이 속담을 접할 때마다 우리 조상이 지금의 우리보다 준치를 더 잘 먹을 줄 알았던 것은 아닐까, 그러한 지혜가 부럽게만 느껴진다. 정약전의 『자산어보』에서는 준치를 시어라 하고, 그 속명을 준치어라고 했다. 준치에 대해 『자산어보』는 다음처럼 설명한다.

> 크기는 2, 3자이고, 몸은 좁고 높다. 비늘이 크고 가시가 많으며, 등은 푸르다. 맛이 좋고 산뜻하다. 곡우가 지난 뒤에 우이도에서 잡히기 시작한다. 여기에서 점차 북상하여 6월 중에 해서에 이르기 시작한다. 어부는 이를 쫓아 잡는데 늦은 것은 이른 것만 못하다. 작은 것은 크기가 3, 4치이며 맛이 매우 박하다.

'맛이 박하다'는 건 맛이 없다는 의미가 아니라 맛이 뛰어나다는 의미이다. 이처럼 정약전도 극찬해마지 않던 준치를 목포에서 맛볼 수 있다. **선경준치회집(061-242-5653)**은 오래되었기에 멋진 외관을 기대한다면 실망할지 모른다. 그러나 음식은 눈으로 먹는 게 아니라 입으로 먹는 것이니 염려를 붙들어놓자.

준치는 포를 떠서 일일이 가시를 발라낸다. 준치는 가시가 많아 그대로 먹으면 뒤탈이 생길 수 있으므로 반드시 제거해야 한다. 여기에 음식점에서 직접 담근 막걸리를 발효시킨 식초와 태양초를 이용해 무침용 초고추장도 특별히 만든다. 회무침에는 미나리, 오이, 양파가 곁들여진다. 밑반찬도 매우 풍성해서 오이를 살짝 간해서 졸인 조림에 작은 갈치를 말려 만든 풀치에 양념하여 구운 풀치구이, 고등어구이, 고사리, 된장에 무친 고구마줄기, 감태(전라도에서는 매생이라 부른다), 거기다가 조기매운탕이 제공되니 준치회무침이 없어도 웬만한 한정식집이 부럽지 않은 밥상을 자랑한다. 전국 제일이라는 전라도 밥상의 명성을 톡톡히 누려볼 수 있다.

수 원

조선조 최고군주 정조와 최고천재 정약용의 합작품 '수원 화성'
- 더불어 김향화, 홍사용, 소나무숲길에 대한 사색

수원 화성

> 이 세상 어느 곳에든지
> 설움이 있는 땅은
> 모두 왕의 나라로소이다
>
> – 홍사용 「나는 왕이로소이다」 중

수원은 예부터 물이 풍부하여 붙여진 이름이다. 수원 한가운데 흐르는 수원천은 화성건축 당시의 기록에 의하면 심심하면 범람을 했다, 라고 할 정도이다. 이 점만 보아도 수원이 얼마나 물이 풍부한 곳인지 헤아릴 수 있다. 물이 풍부하다는 건 그만큼 인재의 복도 타고났다는 걸 의미한다. 과학적으로 봐도 물이 많으면 당연히 논농사를 짓기가 쉽고, 그러니 사람들이 몰려들 수밖에 없다. 인재를 배출하기 십상일 뿐더러 풍수지리학적으로 본다면 물이란 기가 빠져나가는 걸 막음과 동시에 나쁜 기가 들어오는 것 또한 막는 방패역할도 한다. 당장, 수원천이 광교산에서부터 내려오며 수원을 가로지르며 수원에 나쁜 기가 들어오는 걸 막고 있다. 좋은 기가 빠져나가는 것도 막고 있으니 수원에는 인복이 넘칠 수밖에 없다.

수원 하면 빼놓을 수 없는 것이 '화성'이다. 이 화성은 조선조 최고의 군주라 불리는 정조와 조선조 최고의 천재라 불리는 정약용의 합작품이다. 이것만 보아도 수원이 얼마나 인복의 기가 충만한 곳인지 여실히 알 수 있다.

하지만 수원화성을 지금 현재의 눈으로 보아서는 절대 안 된다. 이 성곽은 일제가 1911년 '조선읍성철거시행령'을 내려 조선의 300여 개 읍성을 파괴하도록 지시내렸던 뼈아픈 역사를 지니고 있다. 이 시행령에 따라 조선의 관아 읍성은 말살되고 서울의 고궁들은 철저하게 뿌리째 뽑혀나가는 간악한 흉계 속에 사라져갔다. 그게 바로 문화말살정책이었고 조선총독부의 감독사항으로 추진되었다. 그래서 창경궁을 동물원과 식물원으로 조성하여 우리의 자존심과 명예는 짓밟힌 채 우리 백성의 인권과 삶의 질은 피폐해졌다. 식민지 백성으로 살아남는다는 게 구차했고, 수치스럽고 총칼 휘두르는 압제 속에 정조의 꿈과 이상은 완전 말살되어 갔다. 이러할 무렵, 수원의 권번기생 김향화는 기생 30여 명을 이끌고 서슬 퍼런 수원경찰서 앞에서 만세운동을 폈으니 이 사건은 오늘을 사는 우리가 절대 잊을 수 없는 명장면이다.

그녀는 1919년 고종이 승하했을 때도 이를 슬퍼하여 수원의 30여 명 기생을 인솔하여 덕수궁 대한문 앞으로 달려가, 소복으로 갈아입고 나라 잃은 설움을 곡성으로 토해내어 세간에 충격을 안겨주었다. 뿐만 아니라 3월 29일은 화성행궁을 파괴하고 지은 자혜원과 수원경찰서 앞에서 '대한독립만세'를 소리높여 외쳤다. 그로 인해 기녀 30명은 왜경에게 체포되어 보안법 위반으로 6개월간 징역형을 선고받았다. 이제 만세운동은 경기일원으로 퍼져 나갔다.

김향화가 '대한독립만세'를 일으킨 곳이 방화수류정이었다. 그곳은 조선 3대 왕실 정자 중 하나로 아름다움은 물론 왕의 전투지휘소로 위용을 동시에 지니던 곳이다. 이곳에서 기녀로서 만세운동을 촉발시키고 조선을 지키자, 기개를 드높였으니 그 정신은 천추에 빛을 낸 것이다.

수원, 이곳은 이제 서울과 가까워 하루 생활권역이다. 서울에서 아침먹고 전철타면 1시간 안팎으로 수원에 도착한다. 잠시 시간만 내어도 위민정신과 나라사랑의 중심축인 정조대왕의 위업을 곳곳에서 느끼고 배울 수 있다.

김향화뿐 아니라 수원지역에는 문인들의 전통이 살아숨쉬고 있다. 또한 수원 출신의 시인을 언급하면서 노작 홍사용(1900~1947)을 빠뜨릴 수는 없다. 비록 용인군 기흥면 농서리 용수골에서 태어났지만 일찍이 유년기를 수원군에서 보내며 이상화, 박영희, 박종화 등과 함께 문예지 『백조』를 창간해 활발한 문예활동을 벌였다. 그가 발표한 시 「나는 왕이로소이다」는 수작이다.

홍사용은 문학의 맹목적인 서구화에 반발하여 전통적인 맥락에서의 시를 창작하고 민족적 이념을 시로 실천하려 했던 작가이다. 그의 문학은 한때 감상적 낭만주의로, 현실도피적인 개인적 정열과 몽환적 시세계의 추구에 불과하다고 매도되기도 했다. 그러나 정작 그가 추구하고자 한 것은 서구화에 밀려난 민족혼의 상실회복이었다. 그의 전통적인 시상의 복원이란 오히려 그와 동일한 시세계를 공유하던 낭만적 퇴폐주의경

향 시에 대한 가열찬 비판으로 평가받아 마땅하다.

홍사용은 사숙에서 한학의 가르침을 받다가 1916년 경성으로 올라와 휘문의숙을 졸업했고 여러 차례의 잡지발행과 희곡상연 등의 문예활동에 참여하다가 1930년경 김삿갓처럼 두루마기 차림으로 전국을 방랑하며 각지를 떠돈다. 그러면서 각지방에서 착취가 자행되는 식민지 시대의 현실을 목격하면서 다시 집으로 돌아와 희곡 『벙어리굿』을 완성, 발표했다. 문학잡지 간행과 극단운영에 가산을 탕진한 그는 결국 가난함 속에서 죽고 말았다. 오늘날 그에게 주어지는 평가란 한국 서정시의 개척자란 명예이다. 그의 무덤 옆에 1984년 수원 문인들이 모여 그를 기리는 시비를 세웠다. 시비 전면에 홍사용의 대표시 「나는 왕이로소이다」가 새겨 있다.

> 나는 왕이로소이다 어머니의 외아들
> 나는 이렇게 왕이로소이다 그러나
> 그러나 눈물의 왕! 이 세상 어느 곳에든지
> 설움이 있는 땅은 모두 왕의 나라로소이다

어머니라는 고향에 홀로 남은 자식이란 결국 서구화되어 조국을 잊어버리고 홀로 남아 조국정신을 지키는 시인 그 자신을 일컫는다. 그는 민족의 한이 담긴 땅을 모두 자신의 땅으로 삼음으로써 그 슬픔을 내면화하면서 극복하려 애쓴다. 「나는 왕이로소이다」에서 고국의 좌절을 모두 자신의 품으로 끌어안으면서 부조리한 현실에 꺾이지 않으려는 강인한 의지가 돋보인다.

수원은 그런 곳이다. 기생 김향화의 의개가 빛나고, 눈물의 왕 설움이 있는 땅, 모두 왕의 나라인 땅. 그리고 정조의 효사상이 빛나는 땅이다.

정조는 뒤주 속에 갇혀 죽은 아버지 사도세자에 대한 효심을 수원 화성에서 꽃피운다. 1776년 정조는 왕으로 즉위하자 양주 배봉산 아래 있는 사도세자묘 수은묘垂恩墓 이름을 영우원永祐園으로 고치고 사도세자 호칭을 장헌세자莊獻世子로 고쳤다. 다시 13년 후인 1789년(정조 13) 8월 영우원을 현륭원顯隆園으로 개칭하며 같은해 10월 현륭원을 수원 화성군에 있는 화산花山으로 옮긴다. 왕릉을 이곳에 조성하며 이름도 융릉隆陵으로 고쳤다. 동시에 수원의 이름도 화성으로 변경했다.

수원 화산에 조성한 아버지의 묘소, 융릉을 자주 찾아뵈었다는 정조. 그가 거닐던 길따라 한번 걸어보는 것도 좋으리라. 처음엔 아버지 만나러가는 길이 쓸쓸했으리라. 하여 정조는 융릉을 관리하는 식목관에게 내탕금(內帑金, 임금이 개인용도에 쓰는 돈) 1,000냥을 하사하여 아버지 만나러 가는 길이 외롭지 않게 소나무 500주와 능수버들 40주를 심어줄 것을 부탁했다고 전한다.

200년 넘은 소나무들이 늘어서 있는 경기도 수원시 장안구 파장동에 있는 소나무길. 1973년 7월 10일 경기도기념물 제19호로 지정. 소나무길은 1790년경 정조에 의해 조성된 것으로 전해진다. 소나무들은 지지대고개 정상으로부터 구 경수간京水間 국도를 따라 약 5km에 걸쳐 늘어서 있다.

지금은 어떠한가. 그곳이 바로 경기도 수원시 장안구에 즐비하게 이어진 소나무길이다. 현재는 100그루(?) 정도의 노송만 남아 있지만, 정조의 아버지에 대한 효심이 이룬 소나무 자연경관이다. 그의 효심을 이렇게 살속에 옹이 박히며 세월을 견뎌온 늙은 소나무에서 역력히 느낄 수 있다.

하늘을 치솟듯 뻗어 있는 소나무를 보아라. 인간보다 더 오래 사는 나무만이 인고의 역사, 진실을 알고 있다. 수원에 가면 화성 성곽과 정조가 거닐던 소나무길을 한번 걸어보는 거야.

수원인물–박성현 화백

버려진 폐교에서 지역주민과 소통하는
그림은 나의 전부

수원의 대표적 화가인 박성현 화백은 어릴 때부터 오직 화가의 꿈을 이루기 위해 주말마다 스케치를 했다. 그는 오로지 한 길을 걸으며 자연을 대상으로 그림을 그렸다. 그는 현 세대 화가들이 예술의 근본을 무시하고 물질문명과 타협하는 것을 가장 싫어한다. 그는 자연의 평화로움 자체를 사랑하며 그러한 본질을 그리기 위해 애쓴다.

그에게 그림은 잘 그리려는 것도, 무엇인가를 예쁘게 담아내려는 것도 아니다. 단지 사람들과 즐기고 공감하기 위해 하는 것이다. 이런 의미에서 그에게 그림은 인생의 전부라고 할 수 있다.

그는 예술가보다는 학자에 가깝다. 그의 그림은 객관적이다. 화려한 기교를 거의 배제하고 왜곡은 아예 없다. 이러한 그림이 그의 성품과 매우 닮았다. 그는 섬의 폐교를 활용해 미술관을 건립했는데 이러한 모습

박성현 화백의 거금도 스케치

또한 그가 추구하는 공감대를 형성할 수 있는 한 모습이다. 버려진 폐교를 자연스럽게 활용하여 지역주민들과 소통하는 모습에서 나 또한 평범한 진리를 하나 배우게 된다. 역시 이름이 알려지는 데는 다 이유가 있다.

수원맛집

박성현 화백의 추천맛집

수원에서 민어를 전문으로 다루는 광교산 기슭에 자리한 '미락'

옛날 김이양 대감의 사랑을 받았던 운초 부용 이야기나 황진이를 흠모했던 사대부들의 심정을 필자는 이해할 수 있다. 신분이나 계급을 떠나 그들이 지닌 교양과 시문에 공감을 갖는다는 것은 당연한 일이다. 그런 신분의 천기나 권번기생이더라도 그의 높은 기개나 품성과 학식은 엄연한 경계를 넘나들었던 사례가 적지 않았다. 밤새는 줄 모르고 시를 나누고 인생을 이야기하고 삶의 의미를 나누다 보면 사람에게 호감이 가게 마련이다.

필자의 생애에 있어 적잖은 아이디어와 이를 실천하는 데 영향을 미친 서양화가 한 분이 있다. 그는 이난영이 애달프게 부른 「목포의 눈물」 속에 나오는 목포가 고향이다. 그는 천성이 화가로 태어났다. 그냥 그림만 그려서 세간에 화제가 되는 경우는 흔치 않다. 박성현 교수의 경우는 아주 특출하다. 인문학에 대한 지식도 무불통지이고 그가 넘나드는 지식은 동서양을 고루 섭렵해서 말도 많다. 말이 많으면 사람이 실수가 많은데 그는 쓸모없는 말은 절대로 입 밖에 내지 않는다. 그러므로 인기가 대단하고 그림솜씨 또한 일찍이 스승 벽을 뛰어넘은 신동이었다. 그는 의상, 음식, 역사, 문화, 인물 어느 것 하나도 모자람이 없다. 사통팔달한 교수이며 화가이다. 그가 가는 식당은 언제나 나름 특별한 음식을 만드는 곳이고 사람을 불러모으게 한다.

내가 그를 따라간 곳은 광교산 기슭 깊은 곳에 자리한 미락(031-242-3512). 수원에서 나는 민어를 전문으로 다룬다. 20년 전통맛의 명가로 자존심을 내건 '민어찜'과 '민어탕'을 전문으로 하는 식당이다. 그러나 그날 생선의 수납상황에 따라 메뉴가 달라지는 경우에는 '우럭간국', 제주산 '갈치조림'과 점심특선으로 목포 '먹갈치조림'도 예약, 주문할 수 있다.

박성현 화백은 목포 신안 사람만이 '민어'의 참맛을 안다고 한다. 하긴 무슨 맛있는 음식이나 생선도 그것하고 친숙하고 맛에 길들여지지 않으면 아무리 좋아한들 그맛을 모르게 마련이다.

민어란 낚시로 잡는 생선으로 그 크기로 말하면 큰 녀석이 40kg이나 되는 것도 있고 작아야 10kg이 된다니 그 무게와 크기를 짐작할 만하다. 그 크기에 비례하여 맛도 천하절미라고 한다. 둘이서 먹다가 한 사람 죽어도 모를 지경의 맛이라면 그 뉘앙스가 거짓말만이 아니라는 확신이 든다. 그 잡히는 지역이 임자도, 우의도, 낙월도, 송이도인데 주로 갯골이 발달한 물길에 그물을 쳐서 잡는 방법이 있다고 한다.

조선 정조 때 신안 어느 어부가 이 이름을 알 수 없는, 맛있는 생선을 잡아 그 고을 수령에게 임금님께 진상으로 상납했더라고 한다. 그 맛을 본 왕이 이름이 무엇이냐고 묻자, 신하가 이름이 없다고 하자, 정조가 민어民魚라 이름지었는데, 그 이유는 백성이 이 좋은 생선을 먹고 힘을 내 화성 성역에 동참하길 바랐기 때문이다.

이렇게 해서 생긴 이름이 '민어'라고 전해지는데 왕이 백성을 생각했다는 그 사실 자체가 매우 감격적이다. 노역을 감당하는 무지랭이 백성에게 에너지식품을 먹게 한 군왕은 후세에라도 추앙받을 만하다. 고대 이집트 스핑크스 난難공사에 왕이 노동자에게 특별식을 먹인 기록은 있지만 정조대왕의 각별한 백성에 대한 보살핌은 세계사에 기록될 만하다.

민어는 탕을 끓일 경우, 비늘을 빼고는 그 가시까지도 씹어먹을 수 있다. 민어는 생선 특유의 비릿한 냄새가 없다. 비늘이 큰놈은 단추만큼 큰 것도 많다. 그래서 그런지 잔칫상이나 제사상에도 올라간다. 그리고 이 민어는 탕과 구이, 포와 뼈도 다 식용으로 사용된다. 옛 문헌『동의보감』에는 '회어鮰魚'라 했다. 이 회어는 병약한 자나 노약자의 건강 보양식이다.

민어의 큰놈을 가리켜 개우치芥羽叱라 불렀다. 30cm 내외의 중간치를 홍치라고 했다. 작은 것은 불등거리로 각각 구분하는 대명사가 있다.

어물전에서는 이와 다르게 어른손 세뼘치 내외를 어스레기, 두뼘 반인 놈을 가리, 그 미만인 놈들을 보굴치라 불렀다. 서해안 일대에서 잡아 소금에 절인 놈을 암치岩峙라 일컫는다.

민어잡이는 새우가 미끼인데 이놈은 성미가 급해서 수족관에서 살릴 수 없어 꼬리 부분에서 피를 뽑아내고 얼음에 저장한다. 민어는 동해안 북부 연안의 참망치 흑색 살점과 대비된다. 백색으로 쫄깃쫄깃한 탄력이 있다. 횟감에는 단맛이 있고 찜으로는 도미보다도 몇 수 위로 인정받는다. 민어의 붉은 대가리와 넌죽넌죽한 살 때문에 어두봉미魚頭鳳味라 한다. 부레는 섬유질이 많아 쫄깃쫄깃하여 최고로 친다. 껍질은 데쳐 밥을 싸서 먹고 부레는 맛소금에 찍어 먹는다.

박성현 그는 오늘도 어디론가 화첩기행 속 맛에 홀려 있을 것이다.

'부잣집밥상'의 일석이조 효과
보리밥과 닭백숙을 함께 즐겨라

칠보산 동남쪽 관문에 자리한 용화사 앞에는 많은 토속음식 식당들이 자리잡아 있으며 특히나 보리밥이 이 일대의 소문난 맛거리로 알려져 있는데 **부잣집밥상(031-292-6855)**은 보리밥이 대표음식이 아님에도 보리밥 덕분에 유명세를 탄 식당이다. 이집에 가보면 신기하게도 다른 인근 식당들과는 달리 보리밥 자체가 없는데 보리밥을 주문하면 놀랍게도 종업원이 알아듣고는 즉석에서 무려 6~7개에 달하는 나물을 무쳐 보리밥과 함께 내준다. 이 나물들을 보리밥과 섞어 함께 내주는데 섞어먹는 된장양념이 구수하면서 순하다. 된장이나 청국장류 콩발효 음식이 주는 특유의 거부감을 주는 냄새가 없고 맛이 정갈하다. 나물 자체의 질감과 향도 살아 있으면서 산골마을 나물과 달리 맛이 깔끔하여 토속적이면서도 세련된 분위기를 즐길 수 있다.

부잣집밥상은 본래 오리나 닭백숙이 전문이며 요리하는 데 40분정도 걸린다고 한다. 오리나 닭백숙도 담백한데다가 육수가 매우 맑아 죽을 넘김에도 무리가 없다. 한번 시험삼아 먹어보기에 안성맞춤이다. 무엇보다도 보리밥에 닭백숙을 함께 시킨다면 보리밥 특유의 털털한 향과 닭백숙의 맑게 기름진 향이 어우러져 육질을 제대로 씹으면서 고향정취도 동시에 느끼는 일석이조 효과를 달성할 수 있다.

안동
옥천
익산
장성
인사동

幸福
제일 幸福한 사나이다
경영해서 生活의 걱정이 없고
막걸리를 좋아하는
무슨 不平이 있겠는가

제3장

안동 · 옥천 · 익산 · 장성 · 인사동

산 높고
물 맑고
계곡 깊은 곳에
아름다운 인격자가
나오기 마련이다

안동

조선선비들의 숨결, 안동
- 도산서원, 이육사문학관, 하회마을을 중심으로

내가 아닌 것들이 나를 키운

집 담장에 난전처럼 펼쳐진

바람, 공기, 흙, 하늘, 나무.

– 박재학 시집 『달구벌』 중

안동에서는 아득한 옛날부터 명현名賢과 석학碩學들이 줄지어 배출되었다. 현재까지도 그들이 남긴 유물과 유적은 물론 정신과 이념이 살아숨쉬는 곳이다. 여행을 하다보면 〈한국 정신문화의 수도, 안동〉이란 슬로건이나 입간판이 눈에 들어온다. 이러한 문구에서도 이 지역의 정체성을 유감없이 드러내고 있다. 대개의 경우 시 · 도 · 군의 슬로건은 일부가 과장되거나 지나치게 포장되어 더러 빈축을 사기도 한다. 그러나 안동의 경우 그 입간판 앞에 서면 유구무언有口無言 속에 긍정의 표정을 지으며 고개를 끄덕이게 된다.

도산서원 퇴계退溪 이황(李滉, 1501-1570)의 학문과 덕행을 기리기 위해 1574년(선조 7)에 지어진 서원이다. 경북 안동시 도산면 토계리에 위치해 있다. 건축물은 퇴계의 품성과 학문하는 고결한 선비정신이 그대로 반영되어 간결, 검소한 느낌을 주고 있다. 구성상 '도산서당'과 이를 총 아우르는 '도산서원'으로 구분된다.

경주 못지않게 경상북도에서는 나름의 독자적 문화권을 이룬 안동은 산과 강이 연이은 풍수 좋은 곳에 위치해 있다. 백두대간 정맥인 태백산맥에서 분기한 소백산맥과 낙동강을 끼고 있어 농사를 지으며 풍요로운 삶을 가꾸기에 좋은 환경을 갖추고 있다. 또한 안동은 조선시대의 대학자 퇴계 이황을 따르는 퇴계학의 발원지로도 유명하다. 산지가 많아 독자성을 띠고 있으면서도 교통의 중심지로 인사교류가 활발했던 안동생활권이 낳은 결과이다. 또한 안동은 종가집들이 많이 자리잡고 있어 유학전통이 잘 보존되어 있는 곳이기도 하다. 보수적이면서도 진보적인 문화가 공존해온 안동은 유학을 재빠르게 수용하면서도 민족혼을 지키려는 충의정신에 빛나는 곳이기도 하다.

안동이 낳은 인물로, 민족혼을 불태운 시인 이육사가 있다. 그는 1904년 안동시 도산면 원촌마을에서 이가호(퇴계 이황의 13대손)와 허형의 딸 허길 사이에서 차남으로 태어났다. 그의 이름은 3차례 수난을 겪는다. 첫 번째 이름은 이원록. 두 번째 이름은 이원삼, 현존이름 이육사는 1927년 처음 옥고를 치르면서 받은 수인번호를 따서 호를 '육사'로 지었던 것. 16년 동안 17차례의 옥고를 치르다 1944년 무기구입에 관한 의혹을 받고 체포되어 중국 베이징(북경주재 일본영사관 감옥)에서 심한 고문을 당하다 옥사했다. 일제의 손에 의해 화장당하고 한 줌 재가 되어 고국땅에 돌아오기까지 그의 40년 인생은 온전히 나라를 되찾는 데 바쳐졌다. 죽기 전까지 남긴 시는 총 39편이다.

매운 계절의 채쭉에 갈겨
마츰내 북방으로 휩쓸려오다

하늘도 그만 지쳐 끝난 고원
서리빨 칼날진 그 우에 서다

어데다 무릎을 꿇어야 하나
한발 재겨 디딜 곳조차 없다

이러매 눈 감아 생각해 볼밖에
겨울은 강철로 된 무지갠가 보다

극한에 내몰린 위기감이 지배하고 있는 이 시에서 화자는 서릿발에 내몰려 무릎을 꿇을 곳도 없다. 시적 화자가 할 수 있는 일이라고는 눈 감아 생각해보며 겨울을 강철로 된 무지개로 승화시켜 시련을 극복하는 길뿐이다. 계절에 내몰려 타의에 의해 북방으로 쫓겨난 시인은 실상 일제시대의 시인 자신을 의미했다. 강제징용에 창씨개명까지 했던 조선에서 시인은 독립운동을 위해 북방으로 떠나야 했다. 그러함에도 시인은 언젠가는 독립이 이루어질 것이라 믿으며 참혹한 일제치하 속 현실을 온몸으로 끌어안고 있다.

그의 삶을 헤아려보면 유학자들의 혼과 지조가 살아숨쉬는 안동에서 자라온 이육사가 시인으로서 시대문제를 해결하려 직접 나섰던 것이 결코 우연이 아니란 예측을 하게 된다. 그가 남긴 청아한 시들이 이를 입증하지 않는가. 그의 대표시 「청포도」 또한 나라의 해방을 열망하는 강렬한 염원이 담겨 있다. 내 고장 7월은 청포도가 익어가는 시절… 7월 청포도가 익어갈 무렵의 눈부신 하늘, 빼앗긴 땅, 일제치하에 있는 안동 땅은 그냥 고향땅이 아닌 해방된 조국의 푸르른 7월을 담은 노래이다.

그러나 그는 해방된 조국을 맞이하지 못한 채 세상을 떴다. 그의 불꽃 같은 민족혼은 살아서 후손들에게 메아리치고 있다. 2014년을 기점으로 이육사가 떠난 지 70년, 탄생 110주년을 맞이하고 있다. 안동에서 이육사생가와 이육사문학관에서 그의 뜻을 기리고 있다. 그러나 아쉽다. 1976년 안동댐 건설로 인해 도산면에 있던 이육사생가가 송현동 쪽으로 이전했는데, 뭔가 부실하다.

반면 이육사문학관은 일제강점기에 17번이나 옥살이하며 조국 광복을 염원했던 항일민족시인 이육사의 관련자료와 기록이 잘 보전되어 있다. 1층에 이육사의 육필원고, 독립운동 자료, 시집, 사진 등이 전시되어 있고, 2층에는 조선혁명군사학교에서 훈련하는 모습과 베이징 감옥생활 등도 사실적으로 재현해놓고 있다. 안동 도산면에 접어들면 벌써부터 이육사의 뜨거운 외침소리가 들려오는 것 같다. 온몸을 내던져 일본에 저항했던 이육사 민족혼의 저장소 이육사문학관을 한번 체험해볼 일이다.

조선을 그대로 간직한 '하회마을'

이제 안동의 숨결 안동하회마을(중요민속자료 제122호)이다. 하회마을은 풍산류씨가 600여 년 전 이곳 하회마을에 옮겨와 살면서 그 후손이 이어지며 오늘날 한국의 대표적 동성마을을 형성했다. 기와와 초가집이 사이좋게 들어선 하회마을은 장구한 역사 속에서 가옥이 잘 보존되어 있다. 역시 류씨 문중에서 이 하회마을을 빛낸 인물이라면 겸암 류운룡(1539~1601)과 서애 류성룡(1542~1607)이다. 류운룡이 류성룡의 형이다. 형과 아우는 우애가 좋고 학식도 깊었다. 형 류운룡이 벼슬에 관심이 없어 평생 선비로 지낸 반면, 동생 류성룡은 경상도관찰사를 거쳐 영의정까지 지냈던 벼슬아치였다. 이순신 장군과도 우의를 다지며 험난한 임진왜란을 헤쳐 온 인물이기도 하다. 또한 문장과 서예, 도학으로 이름을 떨친 류성룡은 살아생전 『서애집』과 『징비록』을 남겼다.

하회마을 길따라 걸어보자. 옛 유생들이 넘나들던 화산 고갯길 넘어 낙동강변을 거쳐 병산서원에 이르는 옛길이 정겹기 그지없다. 거니는 동안 이름을 알 수 없는 어여쁜 야생화들이 말을 건네올 것이다. 특히 류운룡이 부용대의 거센 기운을 잠재우고자 1만 그루 소나무를 심었다는 '만송정'을 거닐 때면 둥둥, 북소리처럼 소나무 사이로 조선유생들의 청빈한 기상과 맥박이 전해온다.

하회마을은 마을 자체가 하나의 고택박물관을 연상시킨다. 풍산류씨 집성촌이 생기면서 그 역사와 함께한 600년 된 느티나무 앞에 서는 것도 감동이다. 무엇을 기원할 것인가, 이 나무신령에게 간절히 원하는 소망을 빌어보는 것도 좋으리라. 운 좋으면 대보름날 여기서 하회별신굿놀이 춤판이 벌어지는 것을 볼 수도 있으리라.

하회마을은 2010년 8월 세계문화유산인 유네스코에 등재된 곳이다. 조선의 멋과 역사가 그대로 보존되어 있는 하회마을에 꼭 방문해보자. 이곳에는 다양한 프로그램 및 맛집 그리고 전통적 민박을 경험할 수 있다.

하회마을 느티나무 600년된 느티나무의 기상을 보라.
이 하회마을의 생존과 함께하고 있는 이 느티나무가
하회마을을 지키고 있는 인상을 준다.

전통문화가 잘 보존되어온 안동에서 우리는 손쉽게 전통음식을 맛볼 수 있다. 종가집들이 즐비한 동네답게 안동에 들어서면 전통음식 제사밥이 우릴 기다린다. 제사도 없는데 제사밥을 먹을 수 있는 곳이 바로 안동이다. 그래, 그 이름도 헛제사밥이라 부른다. 그 유래가 재밌다. 옛날 선비들이 너무 배가 고파 밥을 차려먹기는 해야겠는데, 이웃집에 냄새 들킬까봐 두려워 마음놓고 차려먹을 순 없고… 하여, 제사지낸다고 속여 만들어 먹은 것이 시초란다. 그러나 이름과 달리 둘이 먹다가 하나 죽어도 모를 맛에 정말로 제사밥이 되어버릴 수 있으니 조심하라.

안동인물-김연대 시인

빈자의 철학을 지닌 아름다운 안동시인

시인 김연대 회장은 우리 문단에서 드물게 보는 출세한 분이다. 어느 친목단체나 조직에서 제대로 대우받으려면 꼬박 10년 정도 성실하게 출석해야 한다. 따라서 뒷설거지도 불평불만 없이 해야 하고 기관장의 품위유지비를 내야 한다. 그게 아니면 발전기금 명목으로 기부금도 내야 한다. 실력만 가지고 단기간에 실력을 인정받기란 문단의 경우, 더더구나 턱없는 일이다. 그런데 김연대 시인은 데뷔 10년 만에 큰 상도 받았다. 국제적인 아시아작가회의에서 주는 시부분에 문학상도 받았다. 거기에다 등단 전에 썼던 「상인일기商人日記」가 우리나라 공공화장실에 액자로 해서 걸려 있다. 그는 천재성이 뛰어난, 독자들로부터 널리 사랑받는 시인이다. 러시아의 푸시킨이나 프랑스의 발레리와 같은 급의 시인이다.

이따금 지하철 도어에 그의 시가 기록되어 내게 다가올 때에는 반갑기 그지없다. 그는 말수가 적고 늘 묵상에 젖어 있다. 성찰하는 시인으로 순전히 독학하여 기업체의 사장 · 회장, 대한불자회 회장도 두루 거쳤으나 언제나 소리 없이 실천하는 명상가이다.

김연대 시인은 1960년도 인천부두에서 막노동을 했다. 임금을 받아쉬는 날 배다리 헌책방에서 조병화 합본시집을 사게 되었고 그책을 읽고 좋아하다가 늦깎이시인으로 쉰이 넘어 시단에 나섰다.

그런데도 4권의 시집을 냈고 커다란 상인 '한국시문학대상'을 2012년에 수상했다. 지금은 40년 만에 출생지인 안동시 길안면 대곡리에 귀향했다. 황토한옥을 짓고 문학자료전시관을 열었다. 물론 입장료는 없는 지역사회봉사 차원이다. 김연대 시인은 지금 사회적 신분을 다 내려놓았다. 고향 대곡리 폐교를 마을공회로 가꾸는 봉사단장이란 아름다운 이름 하나만 가지고 있는 빈자의 철학을 지닌 시인으로 있다.

상인일기

하늘 아래 해가 없는 날이라 해도
나의 점포는 문이 열려 있어야 한다.
하늘에 별이 없는 날이라 해도
나의 장부엔 매상이 있어야 한다.

메뚜기 이마에 앉아서라도
전廛은 펴야 한다.
강물이라도 잡히고
달빛이라도 베어 팔아야 한다.
일이 없으면 별이라도 세고
구구단이라도 외워야 한다.

손톱 끝에 자라나는 황금의 톱날을
무료히 썰어내고 앉았다면

옷을 벗어야 한다.
옷을 벗고 힘이라도 팔아야 한다.
힘을 팔지 못하면 혼이라도 팔아야 한다.

상인은 오직 팔아야 하는 사람.
팔아서 세상을 유익하게 해야 하는 사람.
그러지 못하면 가게 문에다
묘지라고 써 붙여야 한다.

– 김연대 시집 『꿈의 가출』 중

안부 전하다
(김연대 시인에게)

나를 키운 것은
다니던 골목에 지천이었던
바람, 공기, 흙, 하늘, 나무
싫어서 떠난 것이 아니라
역할에 충실하기 위하여
떠난 것이다

내가 아닌 것들이 나를 키운
집 담장에 난전처럼 펼쳐진
바람, 공기, 흙, 하늘, 나무.

– 박재학 시집 『달구벌』 중

김연대 시인이 추천하는 고등어구이집 '안동관'
"내 어린 시절 소금단지에
고등어사다가 넣던 어머니 추억이 새롭다."

안동관(054-854-9933)은 '안동간고등어백반'으로 유명한 민속음식점이다. 대개의 민속음식점은 서민의 탈을 쓰고 가격이 비싼 게 일반적이다. 그러나 안동관은 1만 원 미만의 저렴한 가격이다.

대체적으로 외지손님이 소문을 듣고 찾와오는 데는 이유가 있다. 첫째가 주인의 손맛 때문이고, 그 다음으로 친절과 가격, 음식점 분위기 때문이다. 안내차림상을 살펴보니 양반비빔밥을 비롯하여 손칼국수에 이르기까지 일곱 가지이다. 이 일곱 가지 메뉴를 깔끔하게 차림상으로 손님에게 대접한다. 첫눈에도 적게 남기고 많이 팔아야 하는 박리다매薄利多賣의 지혜로운 아이디어로 각광받고 있는 음식점이다.

특히 안동전통음식점의 주메뉴인 '간고등어백반'은 고등어를 알맞게 염장鹽藏 처리하여 숙성시킨 다음 이를 짜거나 싱겁지 않게 처리하는 기술이 매우 중요하다고 말한다. 얼마만큼 정성을 들였는가, 위생처리를 잘했는가 그 절제비법이 손님에게 고유의 고등어맛을 전해주는 비결이란다.

사실 고등어의 대부분이 남해안에서 잡힌다. 안동간고등어는 남해안에서 잡힌 고등어를 안동 산골까지 끌어들여 이를 깨끗하고 맛깔스런 음식으로 만드는 안동사람들의 지혜와 슬기가 담긴 것이다. 그간 안동인들의 내공이 쌓이며 축적, 발현된 맛으로 보아 틀림없다.

저 먼 곳의 고기맛을 즐기고 싶지만, 그러지 못하는 그 간절한 마음이 새 고등어맛을 탄생시킨 것이다. 이러한 안동인들의 지혜가 오늘을 사는 우리에게 크나큰 교훈을 준다. 안동관에서 젓가락에 잡힌 그 고등어의 아련한 맛이 더위와 추위에 입맛잃은 사람에게 구미口味를 확, 당기게 한다.

"내 어린 시절 소금단지에 고등어사다가 넣던 어머니 추억이 새롭다." 라고 김연대 시인이 얘기하며 눈시울을 흐렸다.

전통의 '안동찜닭전통'
매콤달콤 양념 속 풍부한 재료로 승부한다

안동찜닭 역시 전통적으로 오늘날까지도 전해져오고 있는 안동음식이다. 안동찜닭의 유래는 조선시대로 거슬러 올라간다. 옛날에는 도성 안쪽을 안동네, 바깥쪽을 바깥동네라 불렀다. 그 동네 사이에는 상당한 빈부격차가 있었는데 도성 안쪽사람들은 특별한 날이면 닭을 쪄서 먹는 풍습이 있었다고 전한다. 그를 일컬어 도성 바깥쪽사람들은 호화스러운 도성 안쪽사람들의 먹거리를 일컬어 '안동네찜닭'이라고 불렀다는 것. 이 안동네찜닭이 세월이 흘러흘러 점차 간략화되어 요근래 안동찜닭으로 불리게 되었다. 믿거나 말거나, 안동네와 안동이라는 말의 희화성이 낳은 재밌는 이야기라고 본다.

이처럼 안동찜닭이 순수한 안동 전통음식인지에 대해서는 많은 의문이 제기되지만 그럼에도 안동을 찾았으면 안동찜닭을 먹지 않으면 섭한 기분이 들 테니 음식점 하나 소개하련다. **안동찜닭전통(054-856-1313)**은 안동찜닭거리에서도 가장 많은 손님들로 북적이는 곳이다. 안동찜닭에 특별한 조리법이 있는 건 아니다. 알맞은 크기로 토막을 내 고온에서 삶아낸 닭에 감자, 당근, 양파, 표고버섯 등을 큼지막하게 썰어 넣고, 청양고추와 간장으로 만든 양념장을 넣어 조리하다가 마지막으로 불린 당면을 듬뿍 넣어 익혀내는 음식이다. 닭고기의 맛과 매콤한 양념의 조화를 혀끝에서 즐기는 음식이라고 할 수 있다.

안동의 민속을 연구하는 한 연구자는 안동지방의 문화적 성숙도가 바로 차원 높은 조리법의 하나인 찜요리를 발달시키는 원인이었을 것이라는 의견을 내놓기도 했다. 자기 고장에 대한 자부심이 배인 소견이지만 기름기 없이 담백하고 쫄깃쫄깃한 닭고기 맛의 비결은 분명 적당한 온도에서 제대로 익혀내는 찜요리 기술에서 나왔으리라. 안동찜닭은 톡 쏘는 청량고추의 매콤한 맛이 있으면서도 맛의 뒤끝은 달콤하다. 기름기가 없어 담백한 닭고기 맛과 먹기 좋게 익은 야채, 부드럽게 넘어가는 당면이 매콤달콤한 양념 속에 한데 어우러져 혀에 감기는 감칠맛에 양껏 먹지 않고는 못 배긴다. 특히 안동찜닭은 다른 어느 지역보다 재료와 양념을 풍부하게 쓰고 당면을 듬뿍 넣어 푸짐하게 차려내기로 유명하다. 당면은 지나치게 오래 삶으면 퍼지거나 불기 쉬운데 이 음식점에서는 탱탱함과 쫄깃함을 그대로 유지시켜준다. 당면을 삶은 뒤에도 여러 차례 찬물에 담가 헹구며 찜닭과 완전히 섞이기 전 그 신선도를 유지하는 게 '안동찜닭전통' 음식의 비결이라고 한다.

옥천

보고픈 마음, 호수 속에 담긴 시성 '옥천'
- 정지용 테마공원, 김영미 단상, 오지 장고개마을과 막지 이야기

기운 달빛 잔 가득 머문 것도
잔길 따라 닿는 입술에 물들기 때문이니
도토리묵, 김치전 감칠대며 고택주 휘어 차도
달빛 떨어지는 회화나무 그림자에 못 미치니
한옥의 그림자는 자리가 없다.

– 김영미의 시 중

땅이 기름지고 산수가 뛰어나면 시련과 고난도 잦다. 그 땅을 빼앗거나 소유하기 위한 침략과 약탈이 뒤따른다. 인간이 자신과 자신이 속한 공동체를 사수하기 위해 도전할 수밖에 없는 게 세상 이치다. 그 사이에서 직·간접적으로 영향을 받아 파생된 삶의 흔적이 문화이다. 옥천이야말로 삼국시대 이전부터 격전지로 민중들 삶의 애환이 교차하는 지역이다. 산이 높고 물이 맑고 계곡이 깊다. 사람들의 심성도 이에 젖어 제 나름대로 아름다운 인격을 지니게 마련이다.

그래서 우리는 선현들이 걸어간 발자취를 찾고 그들의 전기傳記를 통해 아름다운 신념을 배우게 된다. 지금은 그러한 아름다운 자세보다 남을 낮춰 보고, 흘겨보고 자신만의 오만으로 스스로를 고독한 영웅으로 착각하고 산다. 남을 존중하기보다 비아냥거리고 천박하게 구는 일은 삼가야 할 일이다.

옥천 하면 중고등학교 교육과정을 이수한 사람들이 기억하는 시인 정지용의 고향이다. 가곡 '향수'가 전해준 파장도 크지만 정지용이 한국 문학사에 차지하는 비중 또한 대단하다. 한국의 주지주의 문학, 모더니즘 문학을 몸소 작품으로 승화시킨 그의 업적은 우리 문학사에 크게 기여하고도 남을 것이다. 이런 옥천은 인물도 인물이지만, 이에 버금가는 식도락에 빠져보는 것 또한 즐거운 일이다. 살다보면 그렇다. 더러 맛있는 것도 즐거운 벗이 있어 함께 나누고… 무심함 속에 남과 비교하지 않고 화이부동和而不同 자세로 너도 좋고, 나도 좋은 그런 일을 함께 도모하며 서로를 이롭게 하는 것, 이것이 중요함을 깨닫게 된다.

문득, 여류시인 김영미가 쓴 수필과 시 한 편을 읽어보면서 '향수'에 젖어든다.

한옥마실 가는 날

– 김영미

회화나무 보듬고 돌 위에 선 반달
사람도 쪽달로 차오르면 좋으련만
사무치는 마음 보름달 닮아
숨긴 속 환하게 비추는 달그림자에 숨었다.

기운 달빛 잔 가득 머문 것도
잔길 따라 닿는 입술에 물들기 때문이니
도토리묵, 김치전 감칠대며 고택주 휘어 차도
달빛 떨어지는 회화나무 그림자에 못 미치니
한옥의 그림자는 자리가 없다.

지나간 마음
오롯이 내려앉으니
눈 아래 질경이가 판치고 뿌려져 있다.

하루를 두루마는 태양이
돌 마루에 앉아 엉덩이를 데우니
한옥마실 가는 날은

장계관광지 금강변에 위치하며 정지용 시인의 테마공원으로 재탄생.

옥천에서 꼭 가야 할 명소로 장계관광지가 있다. 이곳은 그윽한 호수의 정경을 품고 있는 옥천 장계리의 호반이다. 이곳에는 '일곱걸음산책로'가 있는데 호반을 배경으로 아름다운 시를 감상할 수 있다.

호수

– 정지용

얼굴 하나야
손바닥 둘로
폭 가리지만
보고픈 마음
호수만 하니
눈 감을 밖에

마치 그림을 그려놓은 듯한 아름다운 호수를 걷다보면 누구나 문학소년, 소녀처럼 감성에 빠져든다. 그때의 감성으로 돌아가고 싶다면 마음에 드는 시 한 수를 꼭 담아서 돌아오면 된다.

그리고 옥천 하면 유성구 궁동에 위치한 '장고개마을'을 떠올리지 않을 수 없다. 궁동은 원래 온천 2동에 속했으며 마을지형이 활처럼 휘었다하여 활골, 궁동이라 불렀다. 그런데 누가 대청호 정경이 한 폭의 그림 같다고 마냥 감탄할 것인가. 금강을 가로질러 도호리 반도를 만나 긴 타원형 댐을 형성하는 대청호 개발로 장고개마을은 육지 속 섬이 되었다.

차를 타고 장고개마을을 가는 것은 쉽지 않다. 옥천에서 오히려 배를 타고 가는 편이 훨씬 수월하다.

개발된 대청호 물빛 아래 고개 숙이며 불편하게 형성된 장고개마을. 한밭대로와 충남대학교가 장고개마을 남북을 가로막고 서쪽으로 반석천이 흐른다. 마을 동쪽으로 이어진 산자락에 의존해 마을이 유지되는 실정이다. 산과 하천이, 학교와 대로가 마을을 동서남북으로 가로막고 있는 기이한 구조이다.

장고개마을은 이웃마을 막지마을과 더불어 행정구역상 군북면 막지리에 속하지만, 1970년대까지만 해도 안내면에 속했다.

막지마을에 대한 유례가 전해지고 있다. 조선시대 우암 송시열이 이곳 막지莫地를 지나다가 너른 들판에 풍성히 익어가는 보리곡식을 보고 이 마을을 맥계麥溪라 명했는데, 이것이 맥기로 불리어오다가 오늘날의 막지가 되었다는 것. 한때 이곳은 100가구를 넘는 큰 마을이었으나 대청댐 수몰로 마을이 물에 잠기며 막지에 20여 호, 장고개에 불과 10호가 생존하게 되었다. 수몰되기 전 막지리는 금강줄기를 따라 논농사가 활발하여 군북면 전체의 벼수확량에 버금갈 정도로 부자동네였다.

하루아침에 댐건설로 인해 마을의 풍요가 깨졌다. 매년 남사당패들이 이곳 막지리에 모여 마을 풍년을 기원하며 백중놀이를 즐겼던 동네이거늘…. 그러고 보니 사물놀이패 김덕수가 이곳 막지 출신이란 점이 불현듯 떠올랐다. 그의 부친, 백부, 숙부가 모두 남사당패였으며, 마을이 수몰되기 전까지 이들은 막지리를 떠나지 않았다. 막지는 이들 조상의 뿌리이자 삶의 터전이었던 셈이다.

그런데 대청호 개발로 점철된 비극이 비단 이뿐이겠는가. 1980년 대청댐 건설로 군북초등학교가 물에 완전 침수되었다가 2012년 혹독한 가뭄으로 대청호 수위가 내려가면서 학교건물 잔해가 앙상한 모습을 드러내 화제가 된 적 있다. 모든 게 자연을 거스르는 데서 생기는 문제이다.

새 개발을 앞둔 시점에서 또다시 몸살을 앓게 될 장고개마을. 최근 개발이 제한됐던 궁동 장고개마을 2만 7000여m^2를 녹지구역으로 변경, 지정했다는 발표가 나왔다. 얘기인즉 이곳 오지마을에 일반주택 등 신축이 가능해졌다는 얘기다. 앞으로 마지막 오지마을 장고개의 생존을 착잡한 마음으로 바라본다. 더 개발되기 전, 가보아야 할 오지마을이 아닌가 싶다.

옥천에서 만난 인물-김영미 시인

남편따라 내려온 옥천 새고향 삼아 전통과 자연 결합된 시 쓰다

김영미와의 만남부터 예사롭지는 않았다. 당차고 억센 모습의 김영미에게서 필자는 사실 처음에는 순수하고 여린 문청의 향기를 쉽게 맡아내지는 못했다. 하지만 그 순수함에서 비롯된 아름다움이란 필자가 으레 품던 문청은 이래야 한다는 생각이 선입견에 불과함을 보여주었다. 오히려 김영미는 나지막한 전통가옥에서 누구보다도 자연적인 필치로 누구보다도 운치 있게 김영미 자신만의 야상곡을 써내려간다. 밤을 적시는 달빛 아래의 한옥에서 시를 정갈하게 써내려가는 김영미의 시여행은 소녀를 넘어서서 인생초탈의 경지를 보여준다.

서울에서 태어나 남편따라 옥천 땅에 터잡고 옥천을 자신의 새 고향으로 삼으며 김영미는 살아가고 있다. 뒤늦게나마 문학도로서의 꿈을 키우며 누구보다도 치열한 열정으로 문학의 길을 걸어 나가려 하는 시인 김영미는 결코 과거의 지나간 흔적을 애써 외면하지 않는다. 도심지 출신임에도 누구보다도 우리 선조들이 살아갔던 시상을 가슴 깊이 통감하고 있는 김영미는 옥천에서 새 전통과 자연이 결합된 시가를 써내려가고 있다. 달빛 아래 술과 함께 흥을 돋우며 자신을 잊고 세상과 하나되어가는 시인 김영미에게서 필자도 그림자에 숨으면서 술 한잔 기울이며 술을 배워가고 싶다. 오직 소녀로 돌아가지 않고 당당히 앞을 향해 나아가는 시인 김영미에게서 찾아볼 수 있는 면모이다.

옥천맛집

300년 전통의 춘추민속관

> "닮아진다는 것은 행복한 일
> 우리들은 또 다른 이름으로 닮아가는 추억의 이름이다."

옥천읍 육영수생가와 정지용생가에서 그리 멀지 않은 곳에 전통생활 문화를 체험할 수 있는 '춘추민속관'이 있다. 그곳에서는 가을이 되면 매달 넷째 금요일 저녁에 작은 음악회가 열린다. 여러 해 가다보니 얼마 전, 주

춘추민속관 현재 이곳은 두 채로 이루어진 고택이다. 왼쪽 건물은 문향헌聞香軒으로 애국지사 범재 김규홍(1987~1936) 선생이 태어나신 유서 깊은 곳이다. 기록에 의하면 1760년(영조 36)에 건립된 곳으로 기와가 85칸과 초가 12칸으로 되어 있다. 오른쪽 건물은 괴정헌槐庭軒으로 우국지사 괴정 오상규 선생의 생가로 상량문에는 건축연대(1856년 12월, 철종 7)를 알 수 있는 글귀가 적혀 있다. 현재는 우물정자의 문향헌과 'ㄷ'자형의 괴정헌, 행랑채, 뒷간, 우물(석파정) 등 55칸과 체험관이 보존되어 있다. 마당에는 300여 년 된 정승집 상징인 회화나무가 오랜 세월의 흐름을 지켜오고 있어 그 역사적 가치를 더해주고 있다. 현재는 '춘추민속관'이라는 이름으로 새롭게 다듬어진 전통한옥 체험의 장소로 활용되고 있는 옥천의 명소이다. 사진은 한국관광공사 제공

인에게서 연락이 왔다. 문향헌 약주가 잘 익었으니 오가다 시간되면 들러 달라는 것이다. 반갑기도 하거니와 주인장의 손맛이 생각나 이내 입안에서는 동동 오므라드는 혀의 장난이 유난스럽다. 얼마 전 지인과 함께 그곳에 다녀왔다. 대문을 열고 들어서는 순간 한옥의 정취는 순간이동이라도 한 듯 나를 지난해 초가을로 데려다 놓았다.

이 고택의 유래는 300년을 거슬러 올라간다. 귀중한 민속자료로 그 가치를 인정받아 복원되어 옛 모습을 되살리게 되었다고 한다. 본래의 규모는 알 수 없으나 현재 우물정井 자의 안채와 별채, 곳간과 뒷간 55칸이 보존되어 있다. 또한 마당에는 정승집 상징인 회화나무가 고고한 자태로 역사를 안고 중심을 이룬다. 회화나무는 일명 선비나무로 불려지며 수백 년 동안 숨 쉬며 선비의 절개와 기개를 초연히 드러내기도 하고 줄기의 모양새로 보면 겸양을 품고 있기도 하다. 전해지는 말에 의하면 흥선 대원군이 야인시절에 자주 머물렀다고 한다.

우선 집터가 넓고 시원하다. 널따란 정원석 위에 호박고지가 얹혀 있고, 평상에는 가지며 무말랭이, 누룽지 등이 따사로운 가을 햇볕을 받고 있다. 안주인은 집마당에서 캔 민들레와 목단뿌리로 조청을 고아내고 남편은 선비춤을 춘다. 음악회가 열리는 날이면 이곳은 대낮부터 잔치 분위기다. 공연은 뒷전에 두고 동네 마실 나온 듯 어른들이 삼삼오오 모여들어 자리한다. 주인의 인심은 넉넉하여 주문 없이 김치전과 막걸리를 내어온다. 한옥은 조용히 그 소리들을 낮은 담장을 통해 담아내고 전해준다. 이곳에서 동네할머니들은 옛날식 국수를 뽑고 철판 위에선 녹두빈대떡이 지글거린다. 옛 정취 가득한 옥천의 복합문화공간이다.

이날 공연은 예술 · 문화 관계자와 주민 100여 명이 한데 어우러져 음악이 흐르는 공간에서 초가을 밤의 정취를 만끽하는 자리였다. 조각달과 오색등이 영롱한 회화나무 아래의 공연무대는 지역의 전통문화를 함께 즐기려는 주민들의 소리 없는 아우성과 함께 전통예술 속으로의 동화됨이 보였다. 달빛이 내려앉고 있는 회화나무 아래에서는 낭랑한 어조로 울려퍼지는 시낭송과 예술단체의 발레, 즉흥무 등이 펼쳐졌다. 고전무용과 선비춤의 명인인 주인장의 전통춤 하나 자락이 공연의 대미를 장식하고 나면 술잔 부딪치는 소리에 한옥은 북새통을 이룬다.

한옥은 여러 건물로 이루어져 있고 마당을 에워싸면서 전체적인 공간을 이룬다. 한옥의 가장 큰 특징은 '마당'이라는 비어 있는 공간을 중심으로 삼는다는 것이다. 이런 점에서 마당은 또 다른 방의 역할을 하게 된다. 집안의 대소가 모두 마당에서 시작되고 마무리된다 해도 과언이 아니다. 하늘이 천장인 마당은 대문도 없어 열린 공간을 만들어준다. 한옥의 방들은 작지만 비어 있는 또 하나의 방인 마당이 있기에 오히려 여유롭다. 무엇이든지 담을 수 있기에 그 자체로도 훌륭하다. 그러기에 이곳 음악회는 화려한 무대장치 없이도 자연을 고스란히 담아내어 특별한 자리를 만들어준다.

이곳에서 찹쌀 누룩으로 만드는 문향헌 약주 맛은 일품이다. 은근히 알싸하고 달달한 맛에 도토리묵과 빈대떡을 안주로 먹으면 세상 부러울 것 하나 없어진다. 옆에 앉은 사람의 어깨가 부딪혀도 발등을 밟고 지나가는 일이 있어도 허허 웃음소리만 커질 뿐 낯붉히는 사람은 보기 어렵다. 한낮의 태양이 머물다간 돌마루가 지나가는 객의 엉덩이를 데우는 따스함까지 선물하고 나면 한옥은 달빛따라 환한 배웅을 준비한다. 때로는 마당과 같이 주변사람들을 사심없이 마음에 담고 따듯하게 되돌려줄 수 있으면 하는 바람도 가져본다. 작은 만남이 소중한 인연으로 이어지듯이….

전통 민속공연을 감상하고 토속음식과 마을사람들의 따뜻한 인정을 함께 나눌 수 있는 특별한 작은 문화공간이 있다는 것은 마음 뿌듯한 일이다. 작은 것을 중요시하고 가꿔나가면 그것이 곧 원동력이 되어 독특한 지역문화를 창출하고 발전시켜 나갈 것이다. 또한 다른 지방과도 차별화되는 지역문화를 만들어나갈 수 있을 것이다. 고풍스런 사립문을 활짝 열고 들어가면 질경이가 뿌려져 있는 돌다리와 만난다. 어릴 적 학교를 오가며 친구들과 사시사철을 두고 놀던 돌다리의 추억이 묻어나는 곳. 마당이 펼쳐진 곳을 지나면 겹겹이 문을 따라 안채의 전경이 눈에 선하다. 우물에서 퍼올린 물은 청량한 소리로 바람을 만들어 한옥의 정적을 깬다. 한옥이 만들어준 작은 인연에서 삶의 여유를 배운다.

회화나무가 연녹색으로 물들이고 있는 마당을 뒤로 하고 지인들과 둘러앉아 수선화 이파리가 깔린 녹두전에 약주 한 사발을 마셨다. 촉촉한 비까지 더하니 그맛이 일품이다. 말린 도토리묵무침은 꼬들꼬들 씹는 맛이 그만이다. 예약을 해야 제대로 된 음식을 먹을 수 있다고 관장님은 늘 말씀하시지만 우연히 들러도 전과 묵무침에 약주는 늘 주시는 넉넉한 인심이다.

비를 머금고 있는 한옥은 처마 밑으로 소르르, 우리들의 소리를 마당으로 고이게 한다. 질경이가 가득한 흙마당은 넘침도 부족함도 없는 알맞음으로 사람들 마음을 담아내고 전해준다. 전 부치는 소리가 비를 부른다는 구전은 아마도 사람을 부르는 소리인지도 모를 일이다. 그래서인지 춘추민속관은 소리없이도 북적대는 정으로 넘쳐나는 공간이다. 누구와도 어우러지는 한옥의 정경은 고유한 음식맛과 어우러져 언제나 행복한 시절로 기억된다. 닮아진다는 것은 행복한 일이다. 이곳에서 우리들은 또 다른 이름으로 닮아가는 추억의 이름이다.

'마당넓은집'
정지용문학관과 생가에서 가깝다
일단 깔끔, 담백한 음식맛에 반한다

유서 깊은 한옥을 개조해 한정식을 대접해주는 마당넓은집(043-733-6350)은 으뜸이라 할 수 있다. 마당넓은집은 정지용문학관과 생가가 위치한 옥천 읍내에서 그리 멀지 않은 곳에 자리잡고 있다. 음식점 건물 자체는 옛 옥천여중고 교무실 건물을 개조한 것으로, 옥천의 근대화와 더불어 흘러온 역사를 담고 있는 음식점이다.

다소 다른 지역보다 비싼 가격에 산채비빔밥도 아니라는 점에서 괜히 돈낭비 아니냐, 억울해할 만도 하지만 그런 걱정은 일단 음식맛을 보면 깔끔히 사라진다. 맛이 정갈하며 담백할 뿐더러 콩나물국에 멸치볶음, 시금치무침 등 모든 나물들이 자극 없이 혀를 타고 넘어가며 청량감을 더해준다. 이집의 묘미가 음식에 그치지는 않는다. 주인분께서 손꼽히는 서예가 출신인데다가 음식점 안에 골동품을 가득 모아놓은 인테리어 또한 한정식 분위기를 살리는 데 큰 도움을 준다. 특히 순조대왕 상량문 필사본을 완성한 독특한 이력의 서예가집이니 한국의 전통서예에 관심 있다면 이곳을 찾아 유익한 담소를 나눌 수 있다.

'구읍할매묵집'
쫄깃쫄깃, 밀가루반죽을 씹는 촉감을 자랑 손님들이 도토리국수라고 극찬!

구읍할매묵집(043-732-1853)은 먹거리 X파일에서 '착한 식당'으로 선정되었을 만큼 재료를 믿고 먹을 수 있는 묵집이다. 청주와 마찬가지로 내륙지방의 가난한 우리 조상들이 주린 배를 달래던 도토리묵이 옥천에서도 빠뜨려서는 안 될 명물이다. 도토리묵을 냉, 온으로 따로 주문할 수 있어 여름철에는 시원하게 겨울철에는 따뜻하게 즐길 수 있다. 밑반찬으로도 진한 깻잎찌에 고추찌가 나오며 얼큰한 동치미로 입맛이 개운해진다.

묵의 씁쓰레한 맛을 싫어하는 사람들도 있지만 이곳 묵은 씁쓰레한 맛이 덜하면서 향이 진하고 쫄깃쫄깃하여 마치 밀가루반죽을 씹는 듯한 촉감을 자랑할 정도이다. 그래서 가끔 손님들이 도토리국수라고 부르기도 한다는 뒷이야기도 있다. 또한 입구에서 '도토리영양찹쌀떡'이라는 옥천만의 별미를 맛볼 수도 있으니 기대를 품으면 품을수록 만족도도 커질 것이다.

익산

이루지 못한 꿈을 실현하려는 극락정토 '익산'
- 마한관, 두동교회, 나바위성당

나바위성당

여산은 옛 고을 호남의 첫 고을
그 역사 몇 천 년 나리어 오면서
– 가람 이병기 「여산초등학교 교가」 중

익산은 익히 마를 캐서 살다가 선화공주와 결혼해 백제의 왕에 이른 서동의 고향으로 잘 알려져 있다. 지금은 익산이 작은 시에 불과하지만, 예부터 전라도 대명사였던 '호남평야'의 중심지이다. 왕궁이 있던 백제 무왕武王의 천도지이기도 하다.

백제 무왕은 금마저를 도성으로 삼고 거대한 사찰과 평궁을 쌓았다. 이를 근거로 사학자들은 웅진, 사비성과 함께 이곳 익산을 별도別都로 천도하려고 했다고 주장한다.

후삼국시대에는 후백제왕 견훤세력이 이땅에서 고려태조 왕건과 피비린내나는 전투를 벌였다고 전한다. 조선시대에 전주부에 속했고 1914년 익산군이 되었다.

『춘향전』 김인수 창본 제48장에 이몽룡이 어사가 되어 호남으로 내려가는 대목 말미에 이렇게 기록되어 있다.

> 황화정에 당도하니 예서부터는 전라도라.
> 양계 역마 가라타고 예산읍에 들어갈제… 하였고,
> 너희들은 예서 떠나 여산, 익산, 금구, 태인, 정읍,
> 고부, 흥덕, 고창, 무장, 장성, 광주이며
> 남원읍으로 대령하라, 하였다.
> 너희들은 예서 떠나 임피, 온구, 김제, 만경, 함열, 부안…
> 남원 광한루로 대령하라, 하였다.

여기에서 익산시는 전라도 초입初入의 길목임을 증명하고 있다. 또한 익산은 마한의 중심지였다. 마한은 기원전 3세기에서 기원후 4세기 중반 한반도 서쪽일대에 존재했던 54개 소국연명체이다. 현재로 보자면 경기, 호서, 호남지역 일대를 일컫는데 이 중 익산이 으뜸이었다. 조선시대 문헌 『동사강목』에도 마한 중심지가 익산 금마였다는 기록이 나온다. 하여 마한 전통이 살아숨쉬는 익산 금마면에 위치한 〈마한관〉에 둘러봐야 하지 않을까. 여기 오면 마한뿐 아니라 백제의 흔적도 한눈에 살필 수 있다. 영등동 유적에서 출토된 청동토기, 마한시대 움집, 독무덤 등의 유물이 전시되어 있다.

무엇보다 눈길이 쏠리는 것은 역시 독무덤. 커다란 독, 항아리를 두 개

겹쳐놓은 모양이다. 참으로 흥미롭다. 어떻게 옹관 두 개를 이렇게 맞대어 무덤을 만들었을까. 중국에서 전해진 방식일까? 조사해보니 옹관은 세계 각지에서 자생적으로 발생하는 손쉬운 묘제란다. 독무덤 크기가 두 개의 독을 합쳐 대략 50~130cm정도이고 60cm정도의 크기가 가장 많아 주로 어린이를 묻기 위해 사용된 묘제가 많다고 한다. 예나 지금이나 아이 잃은 부모마음 다 같겠지, 저 옹이무덤 만들어놓고 그 부모는 가슴에 묻은 아이, 좋은 세상 가라고 얼마나 빌고 또 빌었을까.

마한관 독무덤 마한과 백제 문화를 엿볼 수 있는 익산 금마에 위치한 〈마한관〉 안의 독무덤. 마한의 대표적 독무덤 유물이 전시되어 있다.

이번엔 익산명소인 두동교회로 발길을 돌리자. 한국기독교 사적지 제4호로 지정되어 있는 두동교회는 90년 전통을 자랑한다. ㄱ자형 예배당이 특징인데 1923년 설립 당시의 교회형태를 보전하고 있다.

때는 남녀유별적 유교전통이 이제 막, 무너지기 시작한 1920년대. 아무리 그렇다 해도 쉬, 남녀를 한자리에 모아놓고 복음전파를 할 수 없는 노릇. 궁리 끝에 ㄱ자공간에 남녀를 따로 앉혀놓고 예배를 올린다. 중앙에 휘장을 쳐서 남녀가 서로 바라볼 수 없게 만들어놓고 모서리에 강단을 설치하고 설교를 했다는 건데… 호기심이 더 유발되지 않았을까.

두동교회 1923년 설립된 ㄱ자형 예배당 모습. 그 옆에 2007년 다시 복원된 종각.

두동교회가 소중한 것은 역시 당시 기독교 전파과정을 이해하는 중요단서로 작용하고, 건축연구에도 소중한 가치가 있기 때문이다. 현재 우리나라에 현존하는 ㄱ자형 예배당은 익산의 두동교회와 김제의 금산교회 2곳이다. 그런데 한옥예배당을 바라보는 신선함을 어찌 설명할 수 있을까. 무엇보다 2007년 다시 복원된 종각에도 시선이 머문다. 줄을 잡아당길 때마다 고풍스런 나무 위에서 울려오는 청명한 종소리. 갑자기 십자가에 못 박힌 예수 모습이 떠오르는 것은 우연이 아니겠지. 마치 예수께서 저 하늘 위에서 이 나무를 통해 뎅그렁, 뎅그렁 경종 울리며 우리 마음을 맑게 정화시켜 주는 듯하다.

다음은 익산의 또 하나의 명소 나바위성당(화산천주교회)이다. 조선 헌종 11년(1845) 중국에서 사제서품을 받은 김대건 신부는 페레올 주교(조선교구 제3대 교구장)와 다블뤼 신부(파리외방전교회 소속), 조선인 신자 11명과 함께 화산의 나바위에 상륙한다. 당시만 해도 금강 물줄기가 강경의 황산, 익산의 화산을 따라 흐르고 있었다. 강경에는 조선초 큰 어시장인 황산포구가 형성되었다.

그러나 우리나라 최초의 신부 김대건은 화산 나바위에 상륙한 지 불과 11개월 후, 1846년 9월 참수된다. 나바위성당은 이를 기념하기 위해 건립되었다(1906년 시공, 1907년 완공).

한옥목조건물에 기와를 얹은 나바위성당은 한국적 아름다움이 돋보인다. 채광을 살린 팔각형 창문을 통해 소나무 풍경이 멋스럽다. 천주교 역사변천과 건축시대사적 가치와 진가를 지닌 곳이다.

역시 나바위성당에 오면 김대건 신부 순교비를 빼놓을 수 없다. 1955년 김대건 신부 시복 30주년을 기념해 신도들이 정성을 모아 화산 정상에 기념탑을 세웠다. 탑모양은 김대건 신부 일행이 타고 온 라파엘호를 본떠 암반 위에 제작했다. 또한 '아름다움을 바란다'라는 뜻으로 세운 '망금정' 정자도 운치 있다. 이는 1915년 베로모렐 신부가 초대 대구교구장인 드망즈 주교를 기리기 위해 지은 정자이다.

김대건 신부 동상 김대건은 우리나라 최초의 천주교신부이자 천주교 103위 성인 중 한 사람. 충남 당진 출신으로 증조부가 10년간 옥고 끝에 순교하자, 할아버지 따라 경기도 용인으로 이사하여 줄곧 성장했다. 순조 31년(1831) 파리외방전교회 동양경리부로 가면서 신학과정을 마친 뒤, 헌종 10년(1844) 부제가 되었다. 1845년 귀국하여 서울에서 온갖 박해를 받으며 천주교회를 재수습하고 다시 상해로 건너가 주교 페레올 집전하에 신품성사를 받고 우리나라 최초의 신부가 되었다. 1984년 한국 천주교 200주년 기념행사에 참여한 교황 요한 바오로 2세로부터 성인으로 시성되었다.

익산은 두동교회, 나바위성당으로 더욱 시성이 빛나는 성지다. 또한 익산지역은 마한과 백제의 문화가 살아숨쉬는 곳으로 여행을 하다보면 곳곳에 석공예 공장들이 눈에 띈다. 특히 익산시 황등면에서 출토되는 대리석, 화강석은 빛깔도 좋고 단단하며 철분 함유량이 적어 오래도록 색이 변질되지 않아 좋다. 이러한 특성으로 예로부터 석공예가 발달해왔다. 석공예 기원을 따라 올라가자면 저 유명한 백제 석공石工 아사달까지 거슬러 올라갈 수도 있으리라.

황등면에서 얼마 떨어지지 않은 원수리 진사동에는 시조시인이며 대국문학자인 가람 이병기 선생의 생가가 있다.

이병기(1891~1968)는 한국 국문학연구 초창기에 주춧돌을 놓은 학자요, 우리나라의 시조시를 부흥 · 발전시키려 했던 시인이기도 했다.

난초

빼어난 가는 잎새 굳은 듯 보드랍고
자줏빛 굵은 대공 하얀 꽃이 벌고
이슬은 구슬이 되어 마디마디 달렸다

본래 그 마음은 깨끗함을 즐겨하여
정한 모래 틈에 뿌리를 서려두고
미진微塵도 가까이 않고 우로雨露 받아 사느니라

– 이병기 『가람시조집』 중

누구나 한번쯤 들어보았을 법한 가람의 '난초'는 이처럼 난초의 아름다움을 시조운율로 전달해주는 가슴속 깊이 서리는 시조라 할 수 있다. 가람은 대단한 애주가로 알려져 있다. 그래서인지 그는 지인들로부터 난초복, 술복, 제자복이 타고났다는 말을 듣고는 했다. 얼마나 난을 아꼈으면 일본순사에게 붙잡혀갈 때에도 처자식 안위보다 난초를 걱정한 나머지, 난초 죽지 않게 잘 보살펴달라고 신신당부 부탁을 했을까.

이병기는 술자리와 강의실도 따로 없어 전주 풍남문 근처에서 술마시고 길가에 앉으면 그곳이 곧 강의실이었다고 한다. 그가 20대 때 근무했던 여산초등학교에는 이병기 흉상과 함께 그가 지은 교가가 새겨 있다. 그 노랫말이 아직까지도 고향땅 익산에 대한 사랑을 전해주고 있다.

여산은 옛 고을 호남의 첫 고을
그 역사 몇 천 년 나리어 오면서
이렇다 할 만한 자랑은 없으나
그래도 우리는 못 잊는 이 고장

잊을 수 없는 고장 익산은 맛에 있어서도 전라도 어느 도시에 뒤지지 않는다. 애당초 이름 익산의 익益자부터가 물산이 풍부한 지역에만 붙이는 한자라는 점을 명심하자. 전라도 음식이라면 흔히 전주의 한정식이나

왕궁리 유적 익산에는 '모질메'라고 부르는 아주 유명한 곳이 있다. 이곳은 익산시 왕궁면 왕궁리 왕금마을 뒷산 구릉지대로 예부터 마한 혹은 백제의 궁궐자리로 예상되는 곳이다. 이곳의 성은 백제 무왕의 천도지나 혹은 별도지로 운영된 궁성으로 통일신라시대의 보덕국, 안승의 궁성 그리고 후백제 견훤이 잠시 궁성으로 이용했던 것으로 볼 때 매우 중요한 장소였을 가능성이 있다. 익산에서 뛰어난 전라도 맛집뿐 아니라 백제문화가 어떤 것인지 잠시 경험하고 우리 선조들의 역사를 배워보는 것도 좋을 것이다.

남도의 홍어삼합 등을 꼽기 쉽지만 익산은 평야 한가운데에 자리잡은데다가 산지와 바다가 가까운 교통요지에 자리해서 다양한 요리를 섭렵해 볼 수 있다.

익산인물－양점숙 시인

아름다운 꽃을 문자화하여 시조에 담아내는 데 탁월

양점숙 시인은 남편을 따라 젊은 날에 익산에 왔다. 남편이 원광대 전자공학과 교수로 부임하자 그는 정든 서울을 떠나 익산사람으로 살기로 했다. 그래서 이곳에서 가람의 그늘 속에 시조공부를 하였고 박사학위도 수료하고 지금은 가람시조문학회장을 맡아 물심양면으로 봉사에 힘을 쏟고 있다.

일주일에 한 번 서울에 출강하는 날 이외에는 익산의 시조모임에 나가 동인同人들을 이끌고 지역문화의 선도자로서 소임을 다하고 있다. 가정과 더불어 겸임교수, 그리고 문학연구회의 직책을 훌륭하고도 매끄럽게 이행하고 있다.

양점숙 시인은 본래 착하고 어진 사람이라 많은 사람들에게 '만년소녀'로 불리운다. 시조집을 네 권이나 낸 중견시인으로 그는 늘 소녀 신인처럼 겸손해한다. 하지만 소녀와 같은 아름다운 세계관으로 겸손한 만큼 그녀는 자신의 시적 완성에 있어서는 철저하다고도 한다.

그녀는 특히나 자연에서의 아름다운 꽃을 문자화하여 시조에 담아내는 데 탁월한 재주를 갖고 있다. 꽃은 언제나 누구에게나 각별한 사물이어서 의미의 무늬가 되어주고 의미의 향기와 빛깔이 되어준다. 이 꽃으로 천지를 가꿀 줄 아는 시인이 양점숙이라고 할 수 있다. 이 유별난 시인의 목소리는 꽃과 사람 또는 사람과 꽃이라는 교감의 선율이자 박자 감각으로 자연의 의인화와 인간의 자연화가 동시에 일어나는 무한한 동화의 경지로 범신론적인 차원에 이르렀다고 할 수 있다. 자연과 인간의 대통섭이 일어나는 시는 결국 인간이 자연으로의 회귀, 근원으로의 회귀라는 끝없는 몸부림으로, 양점숙의 시는 가벼우면서도 무겁게 자신만의 시 세계를 완성해갔다.

홍어

– 양점숙

코가 꽉 막히는 삭힘의 침묵 아는가.

푹 곯아 뼈와 살이
육양이가 나도

실금 간 막걸리 사발 희죽 돌아앉던 낮달

길 자란 콩밭이랑 그득한 젖내로 묵힌

질항아리의 공명에
먹먹한 귀가 울어

푹 골은 화엄의 육신 눈물 다 받은 엄니같은

양점숙 시인이 추천하는

'음식명장' 김희연씨 운영하는 마요리전문점 '본향'

색깔 있는 본향(063-1588) 맛집이 있다. 이댁에는 과장되고 포장된 선전을 싫어해 아예 리플릿이나 전단지가 없다. 요즘은 TV프로그램이나 홍보매체에 자기네 식당기사가 나오면 그것을 기회로 삼아 판매촉진에 열을 올리는 게 최근의 실상이다. 그런데도 이에 초연하게 품질과 맛을 개발하는 곳이 있다. 서동마 창작요리전문가 김희연씨가 운영하는 '본향'이 그렇다.

필자는 오래 전 전라북도의 대표소설가 홍석영 교수의 안내와 가람후계자로서 열심히 시조창작에 전념하는 양점숙 교수, 그리고 최인경 익산시청의 관광안내팀 안내로 이 본향에 들렀었다. 그때나 지금이나 맛깔스럽고 색깔 있는 별식요리가 줄이어 나왔다. 마국수, 마부침 등 일일이 열거할 수 없을 만큼 다양한 메뉴가 군침을 삼키게 했다. 그도 그럴 만한 것은 '음식명장'으로 선발된 김희연씨의 마에 대한 열정과 사랑에 빠져 이룩한 산물이란다. 문화관광부가 선정한 전국 100대 음식점으로 이곳은 공식 선발되었다. 2006년도에 대한민국 '우리농산물 요리경연대회 대상'을 탔고 2007년에는 '국제음식박람회 향토요리 경연대회 농림부장관 금상'을 차지했다.

김희연씨는 대한명인 제08-200호로 선정되어 음식에 있어서는 그 책임과 의무를 자타공인을 받고 있다.

'흙가든허브오리'

20가지 잡곡을 넣어 황토옹기에 3시간 굽는 '허브오리'의 진수

2005년 전라북도 향토음식품평회 선정업체 및 2006년 전라북도 향토음식품평경연대회 최우수상, 2008년 익산시 향토음식경연대회 대상에 빛나는, 각종 요리대회에서 그맛을 입증받은 흙가든허브오리(063-842-5228). 20여가지 잡곡을 허브오리에 넣어 고온 460도 황토옹기에 3시간 가열한 음식으로, 섭취에서 느끼는 감칠맛 나는 허브오리향이 오감을 만족시킨다. 또한 불포화지방산이 다른 어떤 육류보다 많이 함유되어 있어 혈관계 질환에도 탁월한 효과를 내며, 여성의 경우에는 피부가 고와지고 남자에게는 기력을 회복시켜주는 보양식이 오리이다. 흙가든허브오리의 요리는 잡냄새가 전혀 없고 담백하며 혈액순환에 좋다.

미륵사지의 영험한 기운을 받아 미륵산에서 자란 콩들은 암이나 혈액순환에 탁월한 효능이 있다고 널리 알려져 있다. 원조 미륵산 순두부는 서민들이 즐기는 두부음식으로 좋은 호응을 얻고 있다. 이곳은 우리 콩만을 순전히 사용하여 두부를 만드는 집이다. 저렴하고도 정성스런 손맛으로 10년 넘게 맛집으로 인기가 있다. 가장 인기 있는 메뉴는 순두부백반으로 칼칼하고도 부드럽게 혀밑을 노니는 순두부를 맛볼 수 있다. 유독 작아보이는 뚝배기 그릇이지만, 양이 넉넉해 순두부 한 그릇을 즐기며 배를 채우기에는 충분하다. 이에 딸려오는 맛깔스런 밑반찬 역시 조미료를 사용하지 않으며 익산에서만 키운 자연산 채소들로 만들어져 풍성한 입맛을 즐길 수 있다. 생두부도 판매하고 있어 집에 가져가 먹고 싶다면 포장이 가능하다.

장성

인물과 학문으로 '장성' 됐네
- 필암서원, 홍길동생가, 요월정

필암서원

가을 바람에 아픈 마음이
살며시 들어오는구나
– 김인후 '한시' 중

전라북도와 전라남도는 노령 갈재로 경계를 나눈다. 노령 허리를 뚫어 호남터널을 만들었는데 이 터널을 북에서 남으로 빠져나오면 바로 장성이다. 장성의 동쪽으로는 담양이 이어지고 담양과 광주광역시가 경계를 이룬다. 이 경계를 이루는 곳이 바로 무등산이다.

필암서원筆岩書院 사적 242호. 전라남도 장성군 황룡면 필암리에 위치. 조선시대 유학자 하서 김인후와 그의 사위 고암 양자징을 모신 호남의 대표적 서원이다. 하서 김인후는 호남유림의 종장으로, 22세 때 사마시에 합격, 31세때 문과에 급제했고 34세때 세자 시강원설서가 되었다. 정조는 그에게 영의정 자리에 앉히고 문정이란 시호를 하사했다. 필암서원에 있는 서책은 주로 인조 2년(1624~1909) 자료들이며, 조선중기 이후 지방교육제도와 당시 사회상, 경제사를 연구하는 데 중요한 자료이다. 또한 고문서 중 '노비보'는 필암서원에 있는 노비 60여 명의 노비보를 기록해둔 것으로 조선시대 중기 사회상 연구에 도움을 주는 자료이다.

전라남도의 정신적 지주인 장성에는 전라남도의 꿋꿋한 기백과 야멸찬 정신이 흐른다. 이곳 장성에 오면 호남 유림의 본거지임을 몸소 느끼게 된다.

장성은 예로부터 '학문으로 장성만한 곳이 없다'는 명성이 대대로 전해오고 있다. 그러므로 장성군민은 긍지와 자부를 느끼면서 지금도 그 선비정신을 전통으로 지켜오고 있다. 호남의 대유학자 하서 김인후(1510-1560)와 노사 기성진을 통해 '장성 일목一目이 장안 만목萬目보다 낫다'는 일화가 전해진 인물의 고장이기도 하다.

여기서 잠시 장성의 큰인물 김인후를 살펴보자면 그는 시문, 서예에 능했을 뿐만 아니라 천문 · 지리 · 의약 · 산수 · 율력 등에도 탁월한 인물이었다. 광주에서 황룡강을 따라 장성 맥동마을로 들어가면 거북등에 세워진 비가 하나 서 있다. 송시열이 극찬한 말이 비문으로 새겨 있다.

> 우리나라의 많은 인물 중에서 도학과 절의와 문장을 겸비한 탁월한 이는 그다지 찾아볼 수 없고, 이 셋 중 어느 한두 가지에 뛰어

김인후 생가가 있는 맥동마을 입구에 위압적으로 서 있는 붓모양의 붓바위. '필암筆巖'이란 글이 조각되어 있다(좌). 장성 맥동마을 입구에 세워져 있는 김인후 신도비. 묘역 입구에 생애와 행적이 기록되어 있다. 김인후 신도비는 1742년(영조 18)에 세워졌다. 비문은 우암 송시열이 지었다(우).

났는데 하늘이 우리 동방을 도와 하서 선생을 종생하여 이 세 가지를 다 갖추게 하였다.

한눈에도 김인후가 얼마나 출중한 인물인지 헤아릴 수 있는 비문이다. 그만큼 조선 중엽은 서울에는 이이, 호남 북쪽에는 이항, 남쪽에는 김인후, 영남에는 이황, 충청에는 조식 등 쟁쟁한 유학자들이 활보하던 시대이다.

김인후는 19세때 과거시험에 합격하여 성균관에 입학하면서 서울생활을 시작했지만 기묘사화, 을사사화 등 임금의 폭정과 국가위기를 거치며 벼슬자리를 내려놓고 1545년 병을 빙자로 홀로 고향땅 장성으로 낙향한다. 그리고 학문에 정진, 『태극도설』과 『서명』을 완역해내며 수천 번 탐독하여 48세 되던 해에 『주역관상도』와 『서명사천도』를 저술하기도 한다. 그가 남긴 시만 해도 1,600수에 이른다.

장성 일원에 남아 있는 서원書院만 헤아려도 여섯 군데가 넘는다. 그리고 조선 팔경八景으로 손꼽히던 백암산에는 수려한 경관과 함께 1300년 역사를 지닌 백양사가 있다. 또한 장성 초입의 미인바위와 북이면 원덕리 석불의 얼굴은 이곳 사람들이 지닌 든든한 표정과 흡사하다.

장성은 백제, 신라를 거쳐 고려 성종 11년 또는 현종 9년(1018)부터 지금과 같은 '장성'이라 이름이 붙여졌다. 노령산맥이 긴 성처럼 북서쪽을 가로막고 있어 장성이란 이름이 붙게 되었다. 장성은 필암서원을 비롯하여 곳곳에 서원과 사우祠宇들이 있다. 호남에서 유림儒林의 고장을 내세울 때 흔히 '광나장창'이라고 한다. 광주, 나주, 창평과 더불어 선비도 많고 학문이 융성한 장성을 뜻하는 것이다. 이곳 문화재로는 원덕리 석불입상, 미인바위, 백양사 필암서원이 있으며, 필암서원의 서책書册과 고문서古文書를 통해 장성이 선비골임을 증명하고도 남음이 있다.

장성 하면 홍길동생가, 김인후도 울고간 '요월정'의 매력

또한 장성은 혁명가가 되길 꿈꾸었던 허균의 소설주인공 '홍길동생가'가 자리잡은 곳으로 유명하다. 홍길동이 실존인물인지 아닌지에 대해 기존 학계에서 많은 논의가 있어 왔지만, 최근 홍길동이 일본 오키나와 섬까지 갔다는 근거를 제시하여 그에 대한 관심이 고조되어가고 있다.

예부터 장성군에서는 홍길동이 황룡면 아곡리 아치실 마을에서 태어난 실존인물이었음이 구담, 전설처럼 전해져 왔다. 허균의 『홍길동전』 소설 속 무대는 세종 때이지만, 『조선왕조실록』에 의하면 홍길동이 '강도' '도적'으로 언급되며 연산 6년(1500) 음력 10월 22일 의금부에 체포된 것을 시작으로 100여 차례 홍길동 관련사례가 언급되고 있다.

장성군은 홍길동 생가터 주변부지를 매입, 발굴작업과 고증과정을 거쳐 홍길동생가 복원작업에 나서, 2004년 5월 3일 홍길동전시관과 함께 개관했다.

홍길동생가에서 조선시대 혁명가이던 홍길동 흔적을 발견하긴 쉽지 않다. 그러나 홍길동의 혁명성을 생각하며 이를 최초의 한글소설로 남긴 조선시대 최고작가 허균의 위대성에 대해 헤아려본다. 만약 『홍길동전』이 한글로 쓰여지지 않았다면, 오늘날 이렇게 세상에 널리 알려질 수 있었을까. 만약 이시대 허균이 태어났다면 그는 세상을 뒤흔들 혁명소설을 쓴 문제작가, 최고의 베스트셀러작가가 되지 않았을까. 그가 쓴 「호민론」에는 다음 글이 적혀 있다. "천하에 두려워할 대상은 오직 백성뿐이다.

백성은 홍수나 화재 또는 호랑이나 표범보다도 더 두려워해야 한다."

길 떠나는 홍길동 조각상을 보며 잠시 상념에 잠긴다. 아버지를 아버지라 부르지 못했던 서자의 설움을 안고 비장한 각오로 집나서는 홍길동. 소설가 허균은 사회에서 소외, 이탈된 인물 홍길동을 통해 부조리한 세상을 바꾸고 싶었던 거겠지.

홍길동생가를 둘러보고 있자니 아이들 소리가 요란하다. 동해번쩍, 서해번쩍 했던 홍길동의 입지전적인 의적이야기는 동화, 만화, 드라마 등 많은 이야깃거리로 등장해왔다. 아이들 교육코스로 괜찮겠다는 생각이 들었다. 이렇게 잠시, 장성에서 영웅 홍길동을 접해보았지만 이것이 장성의 전부라고는 할 수 없다. 갑자기 장성의 또 하나의 명소 '요월정'이 떠올라 발길이 머뭇거린다.

요월정은 장성군 황룡면 황룡리에 있는 정자이다. 홍길동생가에서 그리 멀지 않다. 요월정邀月亭은 뜻 그대로 달을 맞이하는 정자이다. 황룡강변을 바라보며 고혹적인 달맞이를 하려면 아무래도 지대 높은 곳에 정자를 지어야겠지.

정자로 향하는 계단을 올라간다. 정자입구에 조각된 여의주를 입에 물고 있는 두 마리 용이 반긴다. 전설에 의하면 이 황룡 중 한 마리는 하늘로 승천하고, 다른 한 마리는 샘물을 길러왔던 처녀 발꿈치에 꼬리가 밟혀 다시 물속으로 들어갔다는데 이 중 물속에 들어간 비운의 용은 무엇일까.

이제 정자에 오르니 배롱나무와 소나무 아래 흐르는 황룡강 모습이 한눈에 보인다. 절로 시 한수 떠오를 법한 경치이다. 그래서 이곳 요월정에서 당대 명사이던 하서 김인후, 고봉 기대승, 송천 양응정 등이 시를 읊고 놀았겠지. 옆에 안내판 살펴보니 1550년 조선 명종 때 공조좌랑을 지낸 김경우(金景愚 1517-1559)가 산수와 풍류를 즐기고자 이 요월정을 만들었다는 글이 있다.

요월정 정면

그런데 요월정에 얽힌 더 재미있는 이야기가 전해진다. 김경우의 후손 김경찬이 요월정 경치에 감탄하며 '조선 제일'이라는 극찬 시를 썼다고 한다. 이 일이 임금 사는 한양 조정에까지 알려졌다. 그런데 문제가 커졌다. 황룡 경치가 조선 제일이면 임금이 사는 한양은 조선 제2의 경치란 말인가, 시비가 붙었던 것. 급기야 김경찬은 한양에 끌려가 심문까지 당했다. 이때 그의 재치가 빛난다. "황룡은 조선 제일이요, 임금 계시는 한양은 천하 제일입니다!" 지혜로운 대답으로 화를 면했던 것.

이러한 일화를 알고 요월정을 다시 둘러보니 더 신비롭게 다가온다. 그러지 않아도 요월정에 매료된 많은 문인들 발길이 끊이지 않고 있다. 대유학자 김인후가 남긴 요월정에 대한 시를 한번 음미해보자.

> 푸른 향부자는 비단보다 밝고(靑莎明勝錦)
> 물빛은 기나긴 회강과 비슷하네(水色似長淮)
> 황야와 하늘 속이 머무니(野曠天低處)
> 가을바람에 아픈 마음이 살며시 들어오는구나(秋風入病懷)

요월정 주변경관을 묘사한, 장성의 아름다움을 운치 있게 표현한 명시이다. 그러나 어느 덧 해가 저물어가니 마냥 요월정에 머물 수만은 없다.

바람에 홀리듯, 마음속 깊이 닫아놓았던 아픈 마음이 열리기라도 한 걸까. 지나친 감상은 금물이다. 얼른 내려가야지.

저물어가는 태양을 안고 백양사역에서 용산행 기차를 기다리고 있다. 다시 쓸쓸한 바람이 일렁인다. 낯선 백양사역에서 나도 모르게 시집을 들추었다. 공교롭게도 펼친 시가 국효문의 「타향에서」●이다. 천천히 눈길 따라가며 멀리서 뚜렷이 다가오는 모습을 감지한다. 장성에서의 여정도 이렇게 저물어갔다.

타향에서

멀리 떠나서 바라볼수록
뚜렷해지는 모습들이여
흐린 입김을 닦고 바라보는 거울 속에는
사랑이 사랑으로 서 있고
나도 나의 모습으로 보이는구나
땅을 밟고 살 때에는
몰랐던 그 흙내음이
멀리 떠나와서 바라보니
고향땅은 눈물겹게도
찬란히 서 있구나

– 국효문 『한국시선집』 중

● 시 「타향에서」로 고향에 대한 그리움을 드러낸 시인 국효문(1949~)은 성신여대 국어교육과를 거쳐 동대학원 국어국문학 박사학위를 받았다. 74년 박남수 추천으로 『현대시학』에 등단하여 2001년부터 호남대학교 국어국문학과 교수로 재직 중이다. 광주문인협회 부회장과 한국시인협회 이사, 광주여류문학인회 회장, 한국문인협회 회원직을 수행 중인 유명인사이다. 시인들 세계에서는, 특히 호남지역 문인들 세계에서 꽤 알려져 있다. 그녀의 시세계는 단순하면서도 무시할 수 없는 깊은 서정을 담고 있어, 서정시가 몰락한 이 시대 그녀의 시는 나름 가치가 크다.

장성인물-김경란 화가

분명함과 흐릿함의 교차지점에서
은연히 드러나는 자아의 경지가 바로 김경란 그림의 매력

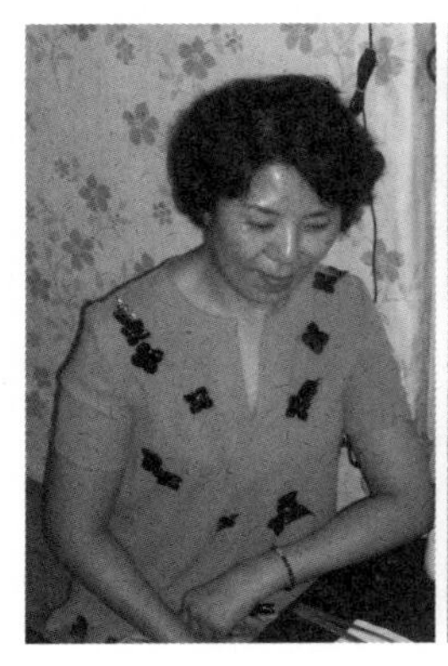

젊은 화가 김경란씨는 그림을 그려야만 잠이 오는 사람이다. 욕심도 많고 배우고 익힌 기술이 그림 이외에도 숱하게 많다. 사람의 건강을 위한 약초 연구, 생약을 통하여 잃어버린 사람을 회복하고 치유하는 데에도 관심이 출중하다.

대개의 예술인들은 자유분방하고 절제력이 부족하다. 그러나 김경란씨는 매우 절제된 이성과 자기 스스로의 확립을 위해 산다. 김화백의 작품세계를 감상하려면 전시회장에서나 볼 수 있을까?

아무래도 그의 전시회에만 머무르기에는 김경란 화가의 그림을 놓치기 아쉽다. 김경란 화가는 붓에 그리 강렬한 힘을 주지 않고 하얀 캔버스 위에 붓을 가벼이 놀리면서도 강렬한 인상을 남겨준다. 김경란 화가의 서로 부딪치면서 섞이는 색들의 동거는 그럼에도 불구하고 분명한 선을 그으며 흐릿한 사물의 외양을 분명하게 잡아내면서도 자신의 내면색으로 재창조해낸다. 부서져내리는 해바라기들에 미소짓는 하얀 소녀는 그

림자로 뒤에 남으면서도 쉽사리 잊혀지지 않는다. 해바라기들은 온전하지 않기에 하얀 소녀를 둘러싸며 새로운 의미로 재탄생한다. 이런 분명함과 흐릿함의 교차지점에서 은연히 드러나는 자아의 경지가 바로 김경란 그림의 매력이다.

장성맛집

김경란 화가의 추천맛집

광주에서 20분 거리
백양사입구의 다슬기 전문점 '대명식당'

내가 전라도 광주에 간다고 하니 청년작가 출신으로 금석문의 대가大家이며 서예가이기도 한 청운 김영배 박사가 본인이 새긴 낙관 찍힌 작품 하나를 내게 건넸다. 그쪽이 세계적인 예향이고 비엔날레가 열리는 지방이니 혹시나 나의 저서를 주면 낙관 대신 서명을 옆에 해줄 수 있겠냐 했더니 두터운 우정의 정표를 남겨 주었다. 작품도 아주 훌륭하지만 담긴 뜻이 아름다웠다. '고상한 뜻을 품고 옛것을 그리워한다'였다.

그런데 민속화를 그리는 김경란씨에게 광주에 있는 맛집 좀, 추천해달라고 의뢰했는데, 그녀는 "장성으로 갑니다. 광주도 맛좋은 집이 많지만 가격이 비싸 선생님이 희망하는 서민적 별미를 생각하면 백양사 밑이 딱입니다." 라면서 자동차에 시동을 걸었다. 백양사는 호남선을 몇 차례 타고 오가다 '백양사'라는 이정표를 눈여겨본 일이 있었다. 그런데 광주에서 백양사는 먼 거리일 것 같은 생각이 들었다. 내가 "좀 먼 것 같네요." 라고 하자 김경란씨는 "20분 정도 거리니까 광주사람들이 점심하러 자주 오갑니다." 라고 말했다. 그제서야 안심했다. 그런 가까운 곳이라면 언제 장성읍 백양사 근처에 가겠는가 싶은 생각이 들었다. 더욱이 장성읍 문화가 곧 광주문화일 거란 생각이 들었다.

우리가 도착한 곳은 다슬기(충청도말) 전문점인 대명식당(061-393-5259)이었다. 다슬기의 표준어는 '민물다슬기'이다. 그런데 충청도에서는 '베틀올갱이'로 전라도에서는 '대사리' 강원도에서는 '꼴부리' 경상도에서는 '파리골뱅이' '사고동' '고동'이라고도 일컫는다.

다슬기는 일단 1급수 청정수, 오염되지 않은 깊은 계곡이나 냇물 속에서 산다. 청정산소와 이끼의 성분인 클로렐라를 섭취하며 산다. 따라서 성인병 예방, 노화방지에 특효 있음은 이미 과학적으로 밝혀졌다.

장성읍 아은리 백양사 입구의 대명식당 대표음식인 '다슬기'는 청주의 서문동 상주집과는 다른 이색적인 맛이었다. 청주의 올갱이해장국은 부추를 전문으로 넣는 된장국인데 장성의 대명식당 해장국은 엷은 맛이 제맛인 토장국이었다. 해초, 오가피절임, 깻잎, 무절임 등 여덟 가지 밑반찬이 삽교천 남생이처럼 줄지어 손님을 기다리고 있었다. 시금치 색소를 풀은 듯 시퍼런 녹색 파전에 다슬기가 송송 박혀 있어 양념간장에 찍어 입에 넣으니 살살 녹는다. 다슬기는 삶아내면 초록빛이 감도는 국물이 나온다. 여기에 국간장을 풀고 부추나 고추 혹은 아욱을 넣어 푹푹 고아낸다. 그래도 다슬기의 쌉쌀한 입맛은 마치 신선이나 먹는 음식 같다.

밑반찬이 짭짤한 대명식당 식탁에는 전라도 광주의 오랜 맛이 후한 인심과 어우러져 있다. 풋고추, 된장, 부추, 아욱이 잘 어울리는 해장국이다.

장성에 전해오는 '꿩요리' 전통

홍길동생가 부근에 있는 황룡면 아곡리는
질 좋은 꿩이 잡히기로 유명

조선시대에는 설 명절에 먹는 떡국에 꿩고기나 닭고기를 많이 사용했다. 꿩고기는 맛이 뛰어날 뿐 아니라 상서로운 새로 여겨 많이 사용되었다. 꿩은 하늘의 닭이라며 천신의 사자로 여겨지기도 했고 길조로 생각해 농기의 꼭대기에 꿩의 깃털을 꽂았다. 홍석모가 기록한 『동국세시기』에는 "떡국에는 원래 흰떡과 쇠고기, 꿩고기가 쓰였으나 꿩을 구하기 힘들면 대신 닭을 사용하는 경우가 있었다"며 '꿩 대신 닭'이라는 우리 속담의 유래를 잘 밝혀주고 있다.

전남에서 꿩으로 유명한 지역이 바로 장성으로 홍길동생가가 있는 황룡면 아곡리이다. 이곳은 전국에서도 질 좋은 꿩이 잡히기로 유명해서 예부터 꿩사냥꾼들의 발길이 끊이지 않았다고 한다. 옛날에는 이곳이 '아치실'이라고 불리었는데 신령한 기운이 서려 있는 땅이라 하여 전국의 내로라하는 선비들이 아치실 출신의 배필을 얻으면 자신의 시댁이 일으켜 세워진다는 소문을 믿고 인연을 맺으려 안달이었다고 한다.

아치실 선비들의 유일한 풍류는 꿩사냥으로 아치실의 '치'자가 꿩치(雉)라는 점도 아치실에서 차지하는 꿩의 위상을 짐작케 해준다. 고려시대에 중국으로 보내는 공물로 아치실의 꿩이 포함되어 있을 정도로 유명했다. 아치실 선비들은 꿩사냥을 하면서 스트레스를 풀면서 잡아온 꿩을 속에 넣어 만든 꿩만두를 야식으로 즐겼다고 한다. 지금은 비록 이름이 아곡리로 바뀌었지만 아직까지도 이 지역의 꿩요리 전통은 끊이지 않으며 많은 맛의 대가들을 불러모으고 있다.

장성에서 맛보는 꿩고기맛 '산골짜기'
위장장애 있는 환자들에게 제격
다이어트와 미용식으로 큰 인기

장성 황룡면 아곡리 꿩고기 전문음식점 산골짜기(061-393-0955)는 주문과 동시에 사육한 꿩을 잡아 신선함을 보장한다. 꿩고기는 즉시 잡아 내놓지 않으면 수분이 빠져 금세 육질이 떨어지기 때문에 신속함은 필수이다. 꿩은 7개월 이상 자라야만 식용으로 쓰기에 넉넉하다. 꿩고기는 몸의 열을 내려주는 대표적인 음식으로 열병환자들이 애용했는데 뱃속 가운데로 열을 모아 온몸에 분산된 열기를 가라앉혀 주기 때문이다. 특히 꿩고기는 소화가 잘 돼 위장장애가 있는 환자들에게도 제격이다. 배탈이 나지 않고 살이 찌지도 않으며 포만감이 빨리 와서 과식도 안 하게 되어 다이어트와 미용식으로도 최근 큰 인기를 끌고 있다.

코스요리를 주문하면 맨 먼저 꿩, 돼지고기, 닭고기를 섞은 만두가 나온다. 꿩고기만으로는 향은 그윽할지 몰라도 퍽퍽할 수 있어 돼지고기와 닭고기를 섞는다고 한다. 그 다음으로 나오는 꿩육회는 가슴살과 오이, 양념, 고추장 등을 넣고 버무려 내놓는데, 소고기육회보다도 부드럽다. 완자는 뼈를 통째로 갈아 샤브샤브국물에 넣어 익힌 뒤에 먹는다. 뼈가 오독오독 씹히는 맛이 좋다. 꿩고기가 귀한 시절에 우리 조상들이 즐겨 먹던 방법을 그대로 재현했다고 한다. 주요리인 샤브샤브는 가슴살을 얇게 썰어내어 육수에 살짝 데쳐 먹는다. 젓가락으로 서너 번 흔들어먹으면 식감이 좋고 고기가 부드럽다. 너무 익히면 퍽퍽해질 수 있으니 조심하도록 하자. 육수는 오직 뼈만 우려내서 만든다고 한다. 꿩의 사육상태에 따라 고기 씻는 방법도 다르다고 하니 그만큼 전문성에서도 보장된 음식점이라 할 수 있다.

전골은 다리살과 날개를 된장양념에 버무려 끓여먹는데 개운하여 쌓인 피로를 말끔히 풀어준다. 꿩은 스트레스를 받으면 워낙 시끄럽게 울어대서 도심지에서는 양육이 불가능하다니 도시에서는 좀처럼 맛보기 힘든 음식이다. 그러니 장성에서 꼭 맛보도록 하자.

인사동

인사동의 '귀천'과 남산기슭 한국의집 남산한옥마을을 배회하다

인사동 쌈지길

인사동은 현대와 전통이 공존하는 곳
인사동은 젊음과 늙음이 공존하는 곳
인사동은 한국과 외국이 공존하는 곳

옛날 서울의 한복판을 표시하는 서울중심 표석을 설치할 무렵에 서울 어디에 표석을 세워야 할지 말들이 많았다고 한다. 오늘날에야 종로와 강남이 서울의 중심지로 떠올랐지만 대한제국 시대까지만 해도 인사동은 서울의 고관대작들이 거주하며 서울에서 손꼽히는 명문가들이 거주하는 거리로 자리잡아 있었다. 조광조, 율곡 이이, 흥선대원군, 박영효에 이르기까지 조선의 내로라하는 학자와 정치가들이 이곳에 거주하며 자신들

시대를 그려나갔다. 그리하여 서울중심 표석도 인사동에 설치되었으며 주소를 부여할 때도 인사동이 전국에서의 1번지로 자리매김했다니 인사동이 사회에서 차지하는 위치와 위상이 오늘날과는 사뭇 달랐음을 쉽게 유추해볼 수 있다.

지금은 좁디좁은 골목으로 축소된 인상을 주지만, 여전히 인사동에서는 향긋한 차향이 피어나며 사람을 설레게 한다. 인사동 하면 천상병이 떠오른다. 여전히 인사동 곳곳에 천상병(1930~1993) 시인의 자취가 남아 있다. 생전에 인사동거리를 사랑했던 천상병은 1972년 친구동생인 목순옥과 결혼, 1985년 인사동에 '귀천'이란 찻집을 열었다. 부인 목순옥이 없었다면 그의 삶은 어떻게 방치되었을까.

여기서 천상병 삶을 뚫고 지나간 1967년 7월 동백림사건(동베를린을 거점으로 한 북괴공작단 사건) 이른바 '동베를린공작단사건'의 전모를 살펴보자. 어디서 잘못되었던 것일까. 그는 이 우연한 사건에 휘말리며 삶의 길을, 지표를 잃었다. 당시 우리나라는 사상적으로 말 한 번 잘못했다가는 간첩으로 몰리는 그런 험악한 사회였다. 천상병 또한 동독에 유학갔다온 대학동기를 둔 것이 화근이었다. 동베를린에 다녀왔다는 그 친구 얘기를 전해들었다는 것과 그에게서 막걸리값으로 5만여 원 받아쓴 것이 전부인데, 그는 순식간에 간첩으로 몰려 체포되었다. 그리고 6개월간 끌려가 고문당한다.

중앙정보부로부터 전기고문을 세 차례 당했고, 그로 인해 천상병은 아이를 낳을 수 없는 지경에 이르렀다. 고문후유증에 시달리며 심한 정신적 폐허, 굶주림에 시달리며 술과 방황의 세월을 보내던 그가 어느 날 소식도 없이 사라졌다. 그리고 일대 해프닝이 벌어진다. 생사를 알 수 없던 문우들이 1971년 죽은 친구를 위한 유고시집 『새』를 발간했다. 그때 천상병은 서울시립정신병원에 수용되어 있었다.

극복할 수 없는 상처. 그는 평생 가슴속에 날지 못하는 '새'를 안고 살아갔다. 그런데 그의 시는 밝다. 시집제목 좀 한번 보아라. 그의 천진함이 느껴지지 않는가. 천상병은 천상 시인이다, 저승 가는 데도 여비가 든다면, 요놈 요놈 요이쁜 놈, 귀천, 아름다운 이 세상 소풍 끝나는 날….

찻집 '귀천'에는 신경림을 비롯 문인들이 찾아들며 인사동 명소로 자리잡았다. 천상병이 세상을 떠난 후에도 목순옥 여사는 인사동 찻집을 줄곧 운영해왔다. 그리고 2010년 8월 26일 목 여사도 천상병따라 저세상으로 갔다. 주인을 잃은 귀천 1호점은 아쉽게 문을 닫고, 현재 귀천 2호점만 운영되고 있다.

인사동에 오면 그렇다. 천상병의 해맑은 웃음이 귓가에, 입가에 번지며 「귀천」 시가 혀 안에서 맴돈다.

나 하늘로 돌아가리라
아름다운 이 세상 소풍 끝내는 날
가서, 아름다웠다고 말하리라

찻집 '귀천' 안 액자에 담긴 천상병 시 「행복」

나는 세계에서 제일 행복한 사나이다/아내가 찻집을 경영해서/생활의 걱정이 없고/대학을 다녔으니/배움의 부족도 없고/시인이니 명예욕도 충분하고/이쁜 아내니 여자 생각도 없고/아이가 없으니 걱정이 없고/집이 있으니 얼마나 편안한가/막걸리를 좋아하는데/아내가 다 사주니/무슨 불평이 있겠는가/더구나 하느님을 굳게 믿으니/이 우주에서 가장 강력한 분이/나의 빽이시니/무슨 불행이 온단 말인가

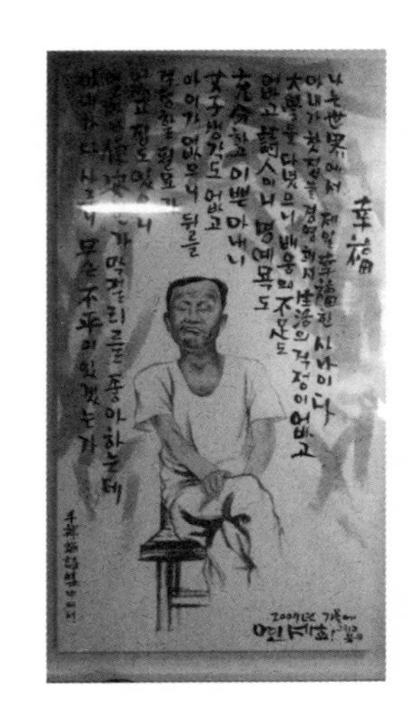

'한국의집'과 '남산한옥마을' 이곳이 명당이여!

인사동에 오면 가끔 남산자락 아래 있는 '한국의집'과 '남산한옥마을'을 산책로처럼 들르기도 한다. 남산 기슭에 사육신 가운데 한 분인 박팽년 집터가 있었음은 내게 색다른 감흥을 준다. 지금은 그 집터에 '한국의집'이 자리하고 있다. 〈박팽년 집터〉 표지석에는 다음 글이 써 있다.

> 조선 세종 때 한글 창제에 공을 세운 집현전학자로 유명했던 박팽년(1417~1456)이 살던 집터. 세종 16년(1434) 알성문과謁聖文科에 급제한 이래 형조판서까지 올랐다. 경술經術, 문장과 필법이 모두 뛰어나 집대성集大成이라는 칭호를 얻은 선비였다. 단종 복위운동에 가담했던 사육신死六臣 가운데 한 분이다.

세종의 사랑을 한몸에 받았던 박팽년. 그는 세종의 맏아들 문종을 섬겼고, 문종이 39세에 죽자 어린 세자 단종을 충성으로 보필했다. 만약 문종이 일찍 세상만 뜨지 않았어도 수양대군(세종의 둘째아들)이 감히 쿠데타를 일으켰을까. 수양대군은 단종 1년(1453) '계유정난癸酉靖難'을 일으키며 정권을 장악한다. 자신은 영의정 자리에 오르고 정인지를 좌의정에, 한확을 우의정에 앉힌다.

단종은 왕위에 오른 지 불과 3년 만인 1455년 숙부인 수양대군에게 왕위를 물려준다. 부당한 방식으로 왕위에 오른 세조가 마음이 편했겠는가. 단종을 상왕으로 추대하지만, 불철주야 단종을 감시할 수밖에 없었다.

박팽년은 어린 조카의 왕위를 노리는 세조를 차마 눈뜨고 볼 수 없어 한때 경회루 연못에 투신하기도 했다. 이후 성삼문과 뜻을 함께하며 단종복귀운동을 펴지만, 끝내 실패로 돌아갔다. 고문 끝에 박팽년을 기다리는 것은 죽음이었다. 그가 세조와 나눈 마지막 대화는 유명하다.

"마음을 바꿔 나를 섬긴다면 목숨만은 구해주마."

"나으리."

무례하게도 왕 보고 나으리라니? 분노한 세조가 다그친다.

"네가 이미 신하라고 말한 바 있으니 지금 아니라고 해도 소용 없다."

"어찌 제가 상왕의 신하이지 나으리 신하가 되겠습니까. 충청도 관찰사로 있는 1년 동안 장계와 문서에 신하라 적은 적이 단 한 번도 없었습니다."

놀란 세조가 그가 올린 장계를 확인해보았다. 그가 말한 대로 신하신臣자가 아닌, 클거巨자가 쓰여 있었다.

스산한 바람이 산꼭대기에서 불어온다. 남산 기슭은 풍수학상 조선시대 걸출한 인물들을 속출한 명당으로 유명하다. 예나 지금이나 풍수지리를 따지는 것은 괜한 일이 아니다. 안산(집터나 묏자리 맞은편에 있는 산)용 풍수가 뛰어날 때 큰인물이 나거나 부귀영화를 누린다는 속설이 있다.

여기서 안산용 풍수란 산맥이 아닌 내川를 따라 발복함을 뜻하므로 남산에서 뻗어내린 정기가 청계천 지류, 마르내를 따라 인물들이 나왔음을 유추할 수 있다. 의기와 지조가 넘치는 박팽년 집터가 남산의 마르내를 따라 있었다. 그리고 왕위를 찬탈한 세조가 영의정으로 발탁한 인물, 정인지도 인현동 1가 마르냇가에 살았다. 세조가 가장 명석한 신하로 여기던 양성지의 집, 조선왕조 가운데 청백리로서 이도吏道 사상의 표본이 되는 김수온 집도 이 근처에 있었다. 여기서 끝나지 않고 선조 때 영의정 노수신의 생가터, 임진왜란 때의 재상 유성룡의 집, 그리고 나라를 위기에서 구했던 성웅聖雄 이순신 집도 유성룡집 근처인 마르냇가에 위치해 있었다. 이쯤이면 남산자락에서 충무로 일대로 이어지는 이 지대가 예사롭지 않게 느껴질 것이다. 사실 등잔 밑이 어둡다고, 충무공 이순신 생가터가 지금의 명보아트홀 앞에 있다는 것을 아는 사람은 그리 많지 않다.

남산타워가 위치한 남산꼭대기를 한 번 쳐다보았다. 그리고 그 지세를 따라 형성된 집들과 예서 나고 자란 인물의 흔적을 더듬어보니 시간이 후딱 지나갔다. 어느덧 마음에 쌓인 한숨, 불안, 분노 등이 사라지며 허기가 찾아와 본능적으로 인사동으로 발길을 옮기는 자신을 본다.

인사동은 누구에게나 열려 있는, 보고 느끼고 먹고 즐길 수 있는 삶의 문화적 공간이다. 요즘은 상업적이고 영리적인 목적에 너무 치우쳐 뜻있는 서울지킴이들의 염려가 커지고 있다. 잡스럽고 조잡한 문화가 옥에 티처럼 나타나고는 한다. 그럼에도 불구하고 인사동에는 외국인이 넘쳐난다. 한류바람이 언제까지 지속될지 필자는 알 수도 알 길도 없다. 그러니까 잘 보전하고 가꾸고 지켜야 한다. 목숨 걸고 지킬 것은 지키고 귀중한 전통과 올바른 사람으로 살아가야만 우리는 온당한 한국인이 된다.

사람에게는 모두가 자기 책임과 의무, 권리가 있다. 국민으로서 지켜야 할 것, 누려야 할 행복을 위해서는 문화를 전수하고 지켜야 한다. 이 가운데 시간과 공간도 필요하고 더구나 삶의 에너지를 제공하는 먹거리 장소도 있어야 하고, 먹거리 전통을 지키는 맛집도 고수되어야 한다.

인사동에서 만난 인물-송계 박영대 화백

화폭에 담긴 청보리, 겉보리, 쌀보리
잊혀진 우리 시골네 풍경이 되살아난다

송계 박영대 화백은 청주 강내 보리밭과 호밀밭 등 넓은 들판을 바라보

면서 자랐다. 어린 시절부터 가난하게 살아오며 박영대 화백은 누구보다도 가깝게 싱그러운 풀내음을 느껴왔고 그런 과거가 도리어 박영대 화백을 완성시켜 주었다. 박영대 화백 스스로가 보리를 곡식이라기보다는 하나의 생명체로 보고 인정하며 그만의 역동적인 생명력을 붓으로 뿜어내며 재현해낸다. 거침없이 파도처럼 물결치는 보리들판 앞에서 우리는 자연의 강한 의기를 맞으며 숙연해진다. '보리작가'라는 명성을 얻었음에도 끊임없이 지속적인 변화를 통해 자기혁신을 추구하는 박영대 화백은 그리하여 점차 자신만의 고유한 영역을 확장해오고 있다고 할 수 있다. 특히나 동양화만의 고루한 특성에 머물기보다는 현대적인 디자인 감각을 차용하고 접목시켜 나가는 그만의 예술적 감각은 놀랍다고도 할 수 있다.

단청과 불화에서나 쓰던 오방색을 입혀서 보리를 한국적인 이미지로 재창출해내고 있는 것이다. 이 무한한 자유 속에서 박영대 화백은 고루한 생각, 고정관념에서 탈피하며 자신을 일깨우려 노력하며 이를 자신의 사명처럼 여기며 살아가고 있다. 화폭에 담긴 청보리, 겉보리, 쌀보리, 맷방석에 넣어 놓은 엿기름, 멍석이 그림소재의 주종을 이룬다. 이제는 잊혀진 우리 시골의 풍경이 그의 그림 속에서 그대로 재현되며 우리를 과거로 되돌아가게 이끌어주고 있다. 우리는 송계의 한국화풍에서 고향의 소박미와 정결한 우리네 정서를 물씬 느낄 수 있다.

그의 그림은 시다.

인사동에서 만난 인물-김태호 소설가

6·25 참전용사로 법률가로도 존경받는 가난한 부자

소설가 김태호 선생은 소설가 가운데 존경받는 원로이다. 그를 세상 사람들은 교회장로이거나 안수집사로 착각한다. 매사가 타인에게 모범적이다. 서야 할 자리와 서지 말아야 할 자리를 구별할 줄 안다. 이런 그분의 신념은 유전적이 아닐까 생각한다. 그는 법학을 전공했다. 법학을 전공한 분이 소설을 쓰는 것 자체가 이해되지 않는다.

사실은 '법학을 전공한 분들 대부분이 법을 이용하는 분'이라고 모파상은 그의 소설에서 언급했다. 뒤집어 말하면 법을 잘 이용할 뿐 잘 지키지 않는 게 관행이라는 말이다. 법조인으로서 법을 잘 지키고 공정한 집행을 하는 그는 존경의 대상임에 틀림없다. 이런 엄연한 개념 속에 김태호 소설가는 많은 법률가들로부터 존경받아야 한다. 그는 매사가 공정하고 양심적이다. 굶어죽을지언정 남의 부정한 권력이나 타락한 사람들의 돈유혹에도 초연했다. 그러므로 그는 가난한 부자, 자유로운 삶을 사는 분이다.

여러 곳에서 문학상을 수여하겠다는 제의가 있었지만 이를 마다했다. 그는 포병장교로서 6·25 참전용사이다. 그의 손에 태극기는 없지만 그는 나라와 민족을 위해 법질서는 반드시 지켜야 한다고 믿는 애국자이면서 민족주의자이다.

인사동맛집

박영대 화백이 추천하는

마늘 양념생강 비법 담긴 '인사동수제비'

오늘은 한국화 화단에서 중견작가를 넘어 대가로 진입한 송계 박영대 화백이 즐겨 찾는 인사동, 아니 관훈동 292번지에 있는 인사동수제비(02-735-3361) 집을 찾았다. 수제비 하면 뭐니 뭐니 해도 삭수제비가 제격이다. 삭수제비는 메밀을 옛날 맷돌이나 분쇄기에 갈아서 메밀가루로 만든 수제비를 말한다. 이 삭수제비는 메밀가루가 대량으로 들어가고 손익계산이 맞지 않으니 지금은 만들 수 없다. 주인도 그것은 '그림의 떡'이라고 단념한 듯하다. 그래서 밀가루로 수제비를 만들어 먹게끔 하고 있다.

이 인사동수제비는 일반식당의 수제비에 비하면 이댁 지영운 사장은 분명 기분 나쁘다고 할 것이다. 왜냐하면 다른 식당과 차별화시켜 정성을 다하고 맛 좋고 향기로운 식단으로 만들기 때문이다. 수제비에 조개, 굴을 넣어 국물을 개운하게 만든다. 이것으로 끝나는 게 아니라 마늘과 생강을 가미해 맛과 향이 어우러져 있다. 거기에다 고랭지 배추김치가 입맛을 돋우어준다.

배추나 음식물 속에 마늘을 알맞게 넣으면 세 개의 맛을 더한다고 미식가들은 말해왔다. 한문의 마늘표기는 '대산'이라 한다. 오랑캐 땅에서 나는 식물이라 하여 호葫라고 불리었다. 강하고 특수한 냄새 때문에 '훈채'라고도 했다.

한나라 때 서역지방을 탐험하고 돌아온 장건이 그 지역에서 갖고 들어온 것이 재배의 기원으로 알려져 있다. 악질인 마마 · 콜레라 등 역병疫病을 제압하는 데 사용되었다. 독특한 냄새 때문에 병귀病鬼의 징조를 막을 수 있어 선호했다. 마늘은 아시린 성분이 강해 한초적 단백질을 생성시켜 유행병에 걸리지 않게 하는 예방의 힘이 있다고 기록되어 있다. 마늘을 먹으면 트림이 나고 마늘냄새가 풍긴다. 이것 때문에 미 · 영국에서는 많이 먹지는 않으나 좋은 것임은 인정한다.

불가佛家에서는 마늘을 정욕제로 여겨 금기시한다. 정욕이 치솟으면 절간의 빈대도 씨를 말린다는 속담이 있다. 생강은 약, 술, 차뿐만 아니라 반찬으로도 사용된다. 소동파蘇東坡는 평생 생강을 곁에 두고 찬에 넣었고 달여 마셨다는 기록이 전해진다. 그것이 『동파별기』에 기록되어 있다. 생강의 원산지는 태평양인데 인도를 통해 중국으로 상륙했다. 중국의 왕안석은 "백사百邪를 강어疆禦한다 하여 강薑이다" 라 하여 생강이라 붙여졌다고 한다. 우리 선조들은 산짐승들이 가득한 산길을 걸을 때에 생강쪽을 씹으며 걸었다는 기록이 있다. 호랑이나 사악한 악귀와 부정한 것도 생강이 제어한다고 믿었다. 오늘날에는 생강이 다이어트식품으로 인기이다.

이러한 양념생강과 마늘을 곁들인 인사동수제비는 향기롭고 정갈한 손맛을 느끼게 한다. 흰머리 새치를 뽑고 생강 고약을 바르면 검은 머리카락이 돋아난다는 이야기가 헛소리 아니다. 많은 사람들은 음식장사가 안 된다고 엄살을 떨게 아니라 내가 먹는 것처럼 만들어 시중에 내놓으면 인간의 간사한 입맛이 벌떼처럼 몰려올 것이다. 이것이 나의 오래된 신념이다.

소설가 김태호가 추천하는 40년 전통
오장동 '신창면옥'

신창면옥(02-2273-4889)은 함흥냉면 전문식당이다. 이 함흥냉면은 전분으로 빚는다. 그러므로 면발이 쫄깃쫄깃하고 매운맛이 그 특징이다. 함흥냉면은 육수가 독특하다. 그래서 별미로 여겨 사람들이 한겨울에도 이를 찾아 나선다. 특히 이 오장동 신창면옥은 40여 년이 넘도록 별미를 만들어 왔다. 무엇보다 북한에 고향을 둔 관북 사람들에게는 향수음식으로 두고 온 산하를 그리게 하는 음식이 되었다는 글을 여러 군데에서 본 일이 있다.

냉면에는 보통 평양냉면과 함흥냉면으로 나눈다. 평양냉면은 면발이 질기지 않고 부드럽다는 것이 함흥냉면과 다르다. 일본이 침략하고 식량을 본국에 찬탈하기 위해 한국노동자들에게는 주로 메밀가루와 전분을 먹이게 했다고 한다. 이런 전분을 계속 먹다보면 자연 에너지가 부족하여 힘을 못 쓰게 된다. 이런 음식의 결점, 영양을 보완하기 위해 소고기 한두 점에 해독제 무를 썰어 발효시킨 깍두기나 무나물을 곁들여 먹게 되었다는 것이다. 아무튼 여름철 별미도 별미지만 한겨울에 뜨끈뜨끈한 김이 피어오르는 함흥냉면의 육수는 입맛을 당기게 할 수밖에 없다. 냉면도 일종의 국수류이지만 이를 제조하고 정성스럽게 조리하는 과정상에서 그맛은 천차만별로 달라진다.

흰눈이 하염없이 내리는 날, 함흥냉면을 생각하면 절로 군침이 돈다. 40년 전통의 함흥냉면 신창면옥의 맛은 군계일학群鷄一鶴이라며 모두들 칭찬을 아끼지 않았다.

시인 박중식이 문을 연 '툇마루집'
가자미식혜와 서글서글한 된장비빔밥이 일품

된장요리의 진수를 보여주는 툇마루집(02-739-5683)은 시인 박중식이 1993년 문을 열어 영업을 해오고 있는 곳으로 유명하다. 오늘날 익숙해진 좌식생활과 달리 온돌방에 툇마루 그리고 명필가가 붓으로 유쾌하게 써내려간 메뉴판 등이 이 툇마루집만의 독특한 매력이다. 주인장의 어머니가 이북사람으로 함경도 출신인 탓에 이집에서 맛볼 수 있는 별미는 단연 가자미식혜이다.

또한 어떤 음식점에도 뒤지지 않는 메뉴라면 역시 서글서글한 된장비빔밥이다. 담백하게 끓인 된장찌개와 신선한 야채를 넣고 한 그릇 비벼 먹고 나면, 달달하면서도 뜨끈뜨근한 게 목구멍으로 술술 넘어가며 다른 반찬 없이도 거뜬한 한 끼를 즐길 수 있다. 한치회, 골뱅이, 청포묵, 김치전까지 한식이라면 없는 메뉴가 없으니 굳이 된장비린내를 좋아하지 않는 사람이라도 즐길 음식은 많다.

사찰음식의 진수 만끽
매일 8시부터 9시까지 민속공연 감상가능

절밥은 예부터 맛있다고 알려져 있다. 산촌(02-735-0312)은 각종 조미료로 인해 진하고 강한 맛에 길들여진 현대인에게 색다른 사찰음식을 선사해주는 곳이다. 가격도 저렴한데다가 주인장이 어린 시절 출가했던 승려 출신이라고 한다. 주인 정산 김연식은 본래 불도에 뜻을 두고 귀의했다가 사찰음식이 아무런 기록도 없이 마냥 역사의 뒤안길로 사라져가는 게 안타까워 71년부터 『국제신문』에 사찰음식에 관한 연재물을 싣는 것을 시작으로 널리 사찰음식을 보급하고자 음식점 '산촌'을 세우게 되었다고 한다. 그래서인지 주인장이 산나물요리에 매우 능해 서울도심지에서 보기 드문 각종 산나물을 맛볼 수 있다.

이곳에서는 주인장이 예술에도 조예가 깊어 그가 그린 각종 그림을 구경할 수 있으며 매일 저녁 8시부터 9시까지는 승무, 고전무용, 판소리 등 민속공연이 펼쳐진다. 진기한 볼거리도 제공해준다니 기회가 된다면 이 또한 산촌음식과 더불어 즐겨볼 일이다. 산촌에서는 절에서 스님이 쓰는 목기를 그대로 사용하는데 지리산에서 자생하는 느티나무를 재료로 하여 만든 것으로 수저와 심지어는 술병까지도 같은 재료로 만든 것을 쓰고 있다. 이 점에서 요리명인의 고집이 느껴지는 대목이기도 하다.

사찰음식은 원래 오신채(절에서 금지하는 다섯 가지 음식인 파, 마늘, 달래, 부추, 무릇)를 먹지 않지만, 이곳에 온 손님들은 오신채를 제공하고 있으며, 만약 오신채를 원하지 않는 경우, 하루 전 예약은 필수다.

소금 대신 약초 함초로 간하는 보양식!
주인장 최진규씨가 직접 캔 약초로 선보이는 별미

약초 또한 요리가 될 수 있다. 약초꾼 출신의 최진규씨는 우리에게 익숙지 않은 약초를 맛깔나게 요리해 선사해준다.

그의 식당 디미방(02-720-2417)은 임금님이 수라를 드시던 방을 일컫는 옛말로 손님을 임금처럼 귀하게 섬기겠다는 주인장의 의지가 깃들어 있다고 할 수 있다. 이곳에서 전통한복을 입고 사람들을 맞이해주는 주인장은 어디든 약초를 캘 수 있는 곳을 돌아다니며 직접 약초를 캐오고 그것으로 음식을 만들어 연구를 한다고 말했다.

약초로 만든 음식맛에 대해서 의구심을 품을 수도 있겠지만 막상 맛보면 전혀 거부감이 없고 정갈하기까지 하다. 겨우살이약밥, 함초비빔밥, 약초묵 등 약초를 넣은 한식과 칼국수, 수제비, 차 등을 팔고 있으며 소금 대신 함초라는 약초즙으로 간을 맞추니 그 맛이 독특하다. 5월 중순 즈음에는 서해안 갯벌에 있는 함초를 구해와서 신선한 샐러드도 대접해준다고 하니 잊지 말고 한번 찾아가자.

천안 · 청주 · 청양 · 해미 · 홍성

고향땅에서
벗과 즐기며
시와 사상,
함께하는 세상을 나누리!

천안
청주
청양
해미
홍성

천안

에루와 좋구나! 유관순, 부용의 아름다움 빛나는 덕의 고향 '천안'

천안 삼거리

천안 삼거리 흥
능수야 버들은 흥
제 멋에 겨워서 흥
축 늘어졌구나 흥
에루와 좋구나 흥
성화가 났구나 흥
–「천안삼거리」 노래 중

천안은 예부터 한반도의 교통요지로 삼남과 서울을 잇는 입구역할을 해오며 수많은 인연을 간직하고 떠나보내기도 했다. 많은 사람들이 팔도 각지에서 천안으로 흘러들어와 이런 저런 인연을 만들어가며 살아왔다. 누군가는 이 「천안삼거리」 노래를 연인과 나그네의 이별에 빗대기도 한다. 모두가 자신의 삶속에서든 타인의 삶에서 연인 혹은 나그네로 존재할 수밖에 없다. 그런 삶의 여정에서 독특한 인연은 훗날 후세까지 전설로 이야기로 전해지기 마련이다. 이 천안 땅에도 그런 이야기가 고요히 숨쉬고 있다.

조선조 후기와 근대로 접어들며 이 천안에서 싹튼 운초와 민촌 이기영의 러브스토리도 이 천안삼거리가 배경이다. 운초의 본이름은 부용으로 평안도 성천 출생의 소녀였지만 아버지가 세상을 떠나자 기녀가 되었다. 가무와 시재에 출중해 예조판서 김이양을 만나고 기생을 버리고 그의 소실이 되었다. 그 둘은 50년의 나이차를 극복하고 서로 사랑했으니 진정 사랑에는 나이를 따질 일만은 아닌가 싶다.

운초는 김이양의 대인풍과 시재를 좋아했고 김이양 역시 운초의 빼어난 미모와 시재를 사랑해 깊은 감정을 나누었다고 전한다. 김이양이 81세(1844)로 세상을 뜨자 운초는 그를 그리워하며 지내다 7~8년 후 세상을 떠났다. 소설가 정비석이 『명기열전』을 쓰면서 김이양 무덤에서 멀지 않은 곳에서 운초의 묘를 찾아냈고 해마다 4월이면 천안의 문인들이 무덤가를 찾아가 제향을 드린다고 한다.

이 운초의 미모를 예찬한 시 한 수가 아직까지 전해 내려오며 천안의 전설적 사랑을 뭇사람들로 하여금 음미하게 해준다.

부용꽃이 피어올라 연못 가득 붉어지니(芙蓉花發滿池紅)
사람들 부용꽃이 나보다 예쁘다 말하니(人道芙蓉勝妾容)

아침에 제방 위를 걷는데(朝日妾從堤上過)
사람들이 부용을 쳐다보지 않는 것은 무슨 연고인고
(如何人不看芙蓉)

이러한 사람의 외양을 부용꽃과 비교한 것은 이 꽃이 지닌 덕德과 관련 있다. 천안사람들은 덕을 중시하기에 덕을 갖춘 여인을 가장 아름답다고 칭송했던 것이리라.

본질의 아름다움, 그것은 외양에 있음이 아님을 극명히 보여주는 유관순. 그 소녀가 바로 천안 태생이다. 어째 그 어린 17세 소녀가 온갖 고문에도 굴하지 않을 수 있었을까.

내 손톱이 빠져 나가고
내 귀와 코가 잘리고
내 손과 다리가 부러져도
그 고통은 이길 수 있사오나
나라를 잃어버린 그 고통만은 견딜 수가 없습니다.
나라에 바칠 목숨이 오직 하나밖에 없는 것만이
이 소녀의 유일한 슬픔입니다.

이것이 17세 소녀 유관순이 남긴 유언이란다. 부끄러운 일제치하 역사 속에서 어린 소녀가 죽어가며 목놓아 외친 것은 외마디 살려주세요, 가 아니었다. 유관순이 간절히 원한 것은 오로지 대한독립만세!

이렇듯 유관순은 천안의 얼굴이다. 천안군 동면 용두리에서 태어난 유 열사의 부친(유중권)은 기독교인으로 향리에 민족학교를 세우며 계몽운동을 펴던 개화인사였다. 3 · 1운동이 벌어질 당시, 유관순은 이화학당에 입학하여 신학문을 배우고 있던 중이었다. 서울에서 3 · 1운동이 전개되자 이에 참여했고, 3월 13일 고향 천안으로 내려와 가족에게 서울상황을 소상히 전한다.

드디어 4월 1일 행동을 개시, 아우내장터를 중심으로 천안 길목, 수신면 산마루, 진천 고개마루에 봉화횃불이 올려지고 태극기를 흔들며 유관순이 앞장선다. 당시 아우내장터에 모인 군중만 해도 3000여 명. 이들은 일경의 무차별 휘두르는 총검 앞에 굴하지 않고 대한독립만세를 외쳤다. 그 자리에서 많은 사상자가 발생했고 유관순은 체포되었다. 무엇보다 크나큰 고통은 일경에 의해 끌려온 아버지, 어머니가 목전에서 처형되는 모습을 지켜보아야 했던 것이다. 그때 이미 유관순은 죽은 목숨이었으리라. 천안에 오면 유관순기념관을 방문해보자.

유관순열사기념관 요즘엔 국민동생, 국민배우 등 국민이라는 용어를 붙이는 데 최초의 국민누나는 역시 유관순 열사가 아니었을까. 그 꽃다운 나이에 심한 고문을 받으며 죽임 당한 비운의 소녀이자 영원한 누나 유관순. 그녀의 고향이 천안이다. 유관순기념관은 충청남도 천안시 동남구 병천면 탑원리 252번지에 위치해 있다.

김화백 자신이 어려운 일을 위하여 물심양면으로 돕는 사람임을 알 수 있다. 김화백은 한국 어느 누구와 비교하여도 가장 훌륭한 나산 정창일 선생과 노강 함호중 선생의 문하생으로 다년간 수학했다. 그가 예술인이 되기 이전에 두 스승으로부터 사람으로서 인격을 갖추어야 하고 그 다음에 남과 같이 따라하지 말고 더디지만 정확히 그리고 이웃을 위하는 사람이 되어야 한다는 철저한 교육을 받았다. 그래서인지 그는 화가인지, 자선사업가인지 구별이 안 될 정도로 좋은 일을 몸소 실천하고 있다.

그의 그림은 낙원사상주의를 담고 있다. 성과 속을 넘나들면서도 이 세상의 단란함, 자연과 사람과 천기를 품고 있다. 조선시대 화원 최북의 극사실주의 기법도 자주 보인다. 사물과 인간과 상상적 스토리텔링을 접목시키는 교묘한 터치는 이 시대를 대표하는 화가로서 손색이 없다고 미술평론가들이 칭찬을 아끼지 않는다.

운정 김경희 화백이 추천한 맛집에 그녀와 함께 있다보니 문득 이런 생각이 들었다. 그렇게 김화백이 사랑하는 식당에 자신의 그림 한 점 벽면에 걸어두면 금상첨화錦上添花가 아닐까. 이런저런 생각을 하면서 태화산 숲속에 위치한 미락원 '산둘레'를 나섰다. 젊은 여사장의 구수한 식단 설명이 백과사전을 읽는 듯하다. 밖에는 어둠이 짙게 깔리고 있었다.

천안맛집

김경희 화가의 추천맛집

영양연입밥, 수수부꾸미, 연잎만두 등이 대표식단인 천안명물 '산둘레'

화가 김경희씨는 천안의 명물 산둘레(041-562-9995) 단골손님이다. 사람은 자신이 가지고 있는 본성대로 취향 또한 비슷한 것을 추구하기 마련이다. 김화백의 섬세한 직관력과 안목은 주변 풍경에만 머물러 있지 않다. 인간의 미각이란 요사스럽고 간사한 데가 있어 사람을 끌어모으는 작용을 한다. 음식점을 경영하고 식단을 구성하는 사람은 반드시 이런 맛의 간교성과 미각의 특성을 이해하는 감각이 뛰어나야 한다. 김화백이 추천한 '산둘레'가 그렇다.

'산둘레' 차림표를 살펴보니 영양연입밥, 수수부꾸미, 연잎만두 등이 대표 식단이다. 이곳은 천안시 안서동 183번지 태화산 산속 성불사입구에 위치해 있다. 이 맛집은 전문화된 세상에 안성맞춤이라고 김경희씨는 입이 마르도록 칭찬을 하는데 정말로 칭찬받을 만하다. 왜냐하면 요즘에는 드물게 보는 수수부꾸미에 밑반찬이 한약 한 첩 먹는 수준에 이르기 때문이다.

삼지구엽초나물, 미역취, 두릅, 곤드래, 곰취, 명이나물, 부지깽이나물,

무청, 고들빼기, 더덕장아찌, 우엉졸임, 새송이버섯이 나오는데 마치 생일상 받는 기분이다.

이런 식단이면 서민이 먹을 수 없는 높은 가격일 것이라 생각하고 있었는데 이를 눈치 챈 화가 김경희씨는 착한 가격으로 현대판 '바보네 식당'이라고 속삭인다.

이 식단은 '천하일미집'이라고 추천할 만한데 맛을 인위적으로 만들지 않기 때문이다. 농약을 쓰지 않은 식물을 사용하고 남은 반찬은 절대 재사용하지 않고 나만 혼자 잘 살지 않는다는 주인장의 신념을 담고 있다. 이러한 경영철학이 명확하니 이보다 훌륭한 휴머니스트는 없을 듯하다.

순대국밥 먹으며 천안의 향기를 그대로 만끽 '참병천순대'

천안이라는 지리적 요건은 곧 천안만의 고유한 음식문화를 낳기도 했다. 천안을 오가던 수많은 보부상들에게는 보양식이랄 건 따로 없었다. 돼지 내장에 당면과 갖은 잔고기들을 뭉쳐넣어 향을 친 뒤 삶아먹는 게 그들에게는 전부였다. 그조차도 모자라 육수를 내서 밥을 말아 고기 양을 최대한 부풀려 먹는 게 그들의 삶이었다.

천안의 **참병천순대(041-561-0151)**는 그런 우리 조상들의 삶의 애환을 담았으면서도 단연 전국에서 으뜸으로 꼽을 수밖에 없는 순대맛을 자랑한다. 어떤 돼지살보다도 통통한 병천순대. 순대껍데기 밖으로 당면이 살짝 빠져나오기까지 한 병천순대는 단지 소금에만 찍어먹지만, 경상도처럼 된장에 찍어먹거나 전라도처럼 초장에 찍어먹어도 손색이 없을 만큼 털털하면서도 입 안에 착 감겨 들어온다.

순대를 꼭 굳이 어떤 소스에 찍어먹을 필요는 없다. 얼큰하게 고추양념과 마늘로 끓인 국밥은 본래의 순대맛을 정통으로 즐기는 방법이라고 할 수 있다. 원하는 만큼 다대기를 넣고 송송 썰은 파를 적당히 넣어 먹어보자. 지나치게 씁쓰름하지도 않고 적절한 단맛도 나면서 순대국밥 먹으며 더불어 천안의 향기를 만끽할 수 있다. 당연한 일이지만 순대는 따로 포장 판매도 가능하여 가족이나 연인과 함께 야외에서 먹어도 좋을 듯하다.

연어샐러드, 소라초무침, 대통밥에 이르기까지
고향마을의 따스함이 느껴지는 '마실'

하늘아래 편안한 고을이라는 뜻의 천안답게 한정식으로도 천안은 어딜 가나 손꼽히기 마련이다. 천안의 맛집 마실(041-571-7007)은 인공조미료를 전혀 넣지 않고 자연의 맛으로만 승부하는 맛집으로 천안에서 이미 널리 알려져 왔다. 나무와 반들반들한 검은 화강암으로 구성된 고풍스러우면서도 세련된 인테리어를 자랑한다. 가게이름을 전통그릇에 새겨 넣어 한층 한식당 이미지를 자아낸다. 음식을 주문하면 텁텁하면서도 부드러운 흑임자죽이 먼저 나오며 미역국도 입가를 촉촉이 적셔준다.

이 가게는 한식집이기도 하지만 천안이라는 도시가 서울과 가까워 음식문화도 전통과 최신 유행이 접목된 퓨전 한식집을 추구하고 있다. 메뉴들이 서양풍이지만, 젊은이들의 기호를 충족시키기엔 제격으로 보인다.

퍽퍽한 닭가슴살에 톡 쏘는 겨자소스를 곁들여 먹는 닭가슴살샐러드,

파릇파릇한 야채와 함께 시지만 달콤하기도 한 머스타드 소스를 곁들인 연어샐러드, 궁중잡채에 너무 익혀 딱딱하게 굳기보다는 선홍빛과 흰빛이 고루고루 어우러지며 부드럽게 익힌 약선보쌈, 빨개서 매콤하면서도 쓰리지는 않은 소라초무침까지 모든 요리가 자극적이지 않아 건강식으로는 제격이다. 어떤 정식을 시키든 이런 풍성한 밑반찬이 함께한다. 게다가 꼬들꼬들하면서도 대나무향이 묻어나오는 대통밥까지 갖추고 있으니 마을의 옛말인 '마실'이라는 그 뜻처럼 고향마을의 따스함이 전해진다. '마실'의 정겨움, 한번 느껴보길 권한다.

청주

활자와 소리, 예술이 여물다 '청주'
- 홍덕사, 손병휘, 박팔괘, 김복진

청주 진입을 알려주는 가로수길

잘 키우고 가르치면
그게 풍작이고 행복인지라
– 오만환「상주 유감」중

이번 방문지는 푸른 고향 청주이다. 역시 충북 청주의 자랑거리는 1377년 고려말 홍덕사에서 인쇄된 세계 최초의 금속활자「직지심체요절直指心體要節」이다. 이「직지」는 1455년경 독일에서 인쇄된 서양 최초의 금속활자인쇄본 구텐베르크의「42행 성서」보다 무려 78년이나 앞선 금속활자본이다. 한민족으로서 자부심을 가지고 세계에 널리 알려도 괜찮다. 다만 아쉽다면 이 책이 현재 우리나라에 없고 프랑스 국립도서관에 소장되어 있다는 점이다. 어째 이런 일이? 내막은 이렇다. 구한말 주한 프랑스공사를 지낸 자가 1907년 본국에 가져갔다. 그는 1911년 한 고서경매장에 내놓았던 것인데 이를 고서수집가 앙리 베베르란 자가 180프랑에 낙찰받아 소장하고 있다가 1950년 그의 유언에 따라 프랑스 국립도서관에 기증되었다. 그 과정을 보며 가슴을 쓸어내린다. 서양보다 앞선 활자기술을 가지고 있으면서 우리것을 지키지 못해 생긴 일이다. 최초의 인쇄술이 널리 전파되지 못한 답이 여기서 나온다.

사실, 당시의 「직지」는 부처와 고승들의 법어와 게송(부처의 공덕, 가르침을 담은 노래)을 담은, 승려를 위한 책이었기에 금속활자본 보급, 발전이 어려웠다. 이는 구텐베르크 금속활자와는 다른 양상이다. 구텐베르크 금속활자는 대중에게 성경을 널리 알리고 기독교전파를 목적으로 만들어졌다. 그러다보니 서양은 종교개혁 이후 더욱 인쇄술이 발전할 수 있었다. 결국 우리나라 활자문화란, 한글창제 전까지는 진정한 백성을 위한 활자문화는 존재하지 않았음을 반증해주고 있다. 아무리 최초의 금속인쇄술을 가지고 있으면 뭐하겠는가? 탁월함도 세상에 널리 이롭게 쓰이지 않으면 아무 소용이 없다. 그래서 절로 한숨이 나왔다. 그래서 세종이, 한글이 위대하다.

1992년 흥덕사 자리 옆에 '청주고인쇄박물관'이 개관했다. 금속활자 인쇄문화와 역사, 다양한 관련정보를 얻을 수 있어 유익하다. 또한 고인쇄방식으로 간단히 책을 만들어보는 직지체험이 가능하다. 밀랍주조법에 의해 금속활자를 만들었던 우리 조상의 지혜를 익힐 수 있다.

청주는 이런 인쇄문화 못지않은 민족혼의 중심지이다. 청주를 빛낸 인물이라면 독립운동가이자 종교운동가 손병희(1861~1922)가 있다. 충북 청주에서 태어나 1882년 22세의 나이로 동학에 입교한 뒤 2년 후 교주 최시형을 만나 수제자로 활약한다. 1906년 동학을 이끄는 지도자가 되

청주고인쇄박물관 직지와 흥덕사실, 직지금속활자공방 재현관, 인쇄문화실, 기획전시실, 영상관, 시연실, 인쇄기기실, 고인쇄도서관으로 구성되어 있다. 각주제에 맞추어 매직비전 등의 첨단시설을 활용해 소개하고 있다. 알기 쉬운 구성으로 고인쇄에 대한 이해를 돕고, 고인쇄방식으로 간단히 책을 만들어보는 직지체험 코너를 운영하고 있다. 아이들 체험학습에 유익하다.

면서 동학을 천도교로 개칭한다. 제3대 교주에 취임하여 교세확장 운동을 벌이는 한편 출판사 '보성사'를 설립, 보성 · 동덕 등의 학교를 인수하여 교육 · 문화사업에도 힘썼다. 1908년 교주 자리를 박인호에게 인계하고 우이동에 은거, 수도에 힘썼다. 그리고 운명의 그날, 1919년 민족대표 33인으로서 3.1운동을 주도하고 경찰에 체포되어 3년형을 선고받고 서대문형무소에서 복역한다. 이듬해 10월 병보석으로 출감되지만, 병이 깊어졌다. 별장 상춘원에서 치료받던 중 그는 고문 후유증으로 사망했다. 손병휘의 삶은 단백하다. 종교인으로서 빼앗긴 국혼을 되찾기 위해 불철주야 노력했던 인물이다. 무엇보다 출판사를 설립하고 교육, 문화사업에도 매진했다는 점에 시선이 머문다. 역시 최초의 금속활자본이 나온 곳, 청주의 인물답다.

이제 글자가 아닌, 소리로 넘어가자. 예부터 우리 조상들은 잔치를 벌일 때면 소리꾼들을 부르기를 잊지 않았다. 소리꾼들의 감칠맛 나는 타령은 간이 안 된 음식도 술술 목구멍으로 넘어가게 하는 재주가 있다. 그게 바로 소리의 위력이다.

청주가 낳은 최고 소리꾼이라면 박팔괘(1882~1940)를 빼놓으면 섭하다. 팔괘란 『주역』에 나오는 단어로 세상의 모든 현상을 음양을 통해 8가지로 나눈 것을 일컫는다. 그는 매우 부유한 집안에서 태어난 선비였다. 그럼에도 그는 소리꾼이라는, 양반들이 천대시하는 삶의 샛길로 빠진다. 그는 청년이 될 무렵까지 주로 고향땅 청주와 청원 근교에서 활동하며 명성을 쌓아갔다.

그에 대한 소문은 도읍에까지 퍼져 왕의 귀에까지 꽂힌다. 당시 왕이던 고종 앞에서 드디어 박팔괘는 가야금을 연주하는 날을 맞이한다. 이때 생긴 일화이다. 고종 앞에서 가야금을 연주하던 박팔괘는 연주 도중 가야금 12현 중 4개 줄이 끊어지는 일이 벌어졌다. 그런데 보통사람들 같으면 당황할 터인데 그는 남아 있는 8개의 줄만으로 멋들어지게 연주를 마쳤다. 임금은 감탄한 나머지, "네 이름을 앞으로 팔괘라 하라" 이르렀고 그때부터 팔괘란 이름으로 불리게 되었다는 일화가 전해진다. 신빙성은 떨어지지만 그의 재주를 가히 짐작해볼 만한 이야기다.

청주는 또한 예술계의 거목 김복진(1901~1940), 김기진(1903~1985) 형제를 낳은 곳이기도 하다. 형은 한국 최초의 조각가로 동생은 카프문학의 대표소설가이자 비평가로 이름이 높다.

당시 두 형제의 활약은 대단했다. 형 김복진은 조각가로서뿐만 아니라 문학, 연극에도 관심이 깊었다. 1923년 동경에서 동생 김기진과 이서구 등과 함께 새로운 연극단체인 '토월회土月會'를 조직, 같은해 공연에서 무대장치를 맡았고, '토월미술회'를 조성, 문하생들에게 조각을 지도하기도 했다. 1924년부터 1년간 화려한 수상경력을 쌓는데 「여인입상」 「3년전」 「나체습작」 「여인」 등은 모두 석고로 빚은 사실적 조형물들이었다.

우리나라 최초의 조각가로 알려진 그가 1925년 위기를 맞는다. 카프(KAPF, 조선프롤레타리아예술가동맹) 참여는 물론이고 ML당(조선공산당)에

1960년도 촬영된 충북 보은군 속리산 「법주사미륵대불」. 현재의 금동미륵부처상과는 느낌이 사뭇 다르다. 이 미륵대불은 김복진의 작품으로, 시멘트로 만들어진 세계 최대의 미륵대불로 유명했지만(좌), 현재는 아쉽게도 변형되어 금동미륵대불이 세워져 있다(우).

가담했다가, 1928년 공산당 검거가 한참일 때 붙잡혀 6년간 옥살이를 했다. 이로써 그의 사회적 예술활동은 중단되었다.

그러나 감옥 안에서도 그는 끝없이 자신의 내면을 비추었다. 옥중에서 불교에 심취하며 목각불상木刻佛像을 만들기 시작했다. 1933년 말 출옥하여, 1935년에는 생활고 해결을 위해 중앙일보사에 입사, 미술비평을 쓰면서 작품제작에 몰두했다.

역시 그의 최고작품은 1936년 전북 김제 '금산사' 요청으로 만든 「미륵대불」과 죽음을 앞두기 1년 전인 1939년 착수했던 속리산 「법주사미륵대불」이다. 그러나 안타깝다. 김복진은 시멘트 미륵부처상을 조각하던 중 약 80퍼센트 공정상태에서 뜻하지 않은 병고로 죽음을 맞이한다. 그리고 6·25동란으로 작업이 중단된 상태에서 1963년 「법주사미륵대불」은 박정희(당시 국가재건최고회의의장) 장군과 이방자 여사의 복원불사 작업이 재개되면서 몇 번의 변형을 거쳐 시멘트미륵 부처상이 완성되었다. 그러나 시멘트미륵 부처상을 금동미륵부처상으로 변형한 것은 다소 성급했다. 세계 최초로 콘크리트로 부처상을 빚었다는 것이 화제가 되어 세계 각곳에서 관광객이 밀려오며 관심을 모았지만, 결국 그렇게 되어버렸다. 2002년 금동미륵부처상으로 변형되어 오늘날에 이르렀다. 황금칠한 부처상보다 비루하고 남루하고 거칠지만, 서민의 숨결을 함께 느끼는 그런 부처상 하나정도 있어도 괜찮지 않았을까. 겉이 아닌, 우리 내면을 보듬고 환히 비춰주는 회색 콘트리트 부처상 정도 있어도 좋지 않았을까. 그냥 스치는 생각이다.

그렇다면 조각가 김복진의 동생 김기진은 어떠한가. 청원에서 출생하여 1923년 일본 릿쿄立教대학 영문학부를 중퇴한 그는 1924년부터 1940년까지 『매일신보』『시대일보』『중외일보』 등 언론계의 기자로 종사했다. 동시에 형 김복진과 함께 토월회와 카프를 결성하며 문학평론가로 활약했다. 왜 김기진이 오늘날 '친일인명사전'에 기록되며 지탄받는가. 그는 1940년 무렵부터 수필 · 시 · 시조 · 평론 등 각 분야에 걸쳐 친일작품을 발표하면서 1945년 조선언론보국회 이사에 선출되는 등 막강한 친일문예조직의 핵심인사가 되었다. 6 · 25전쟁 당시만 해도 공산치하에서 인민재판에 회부되었다가 회생, 육군종군작가단 부단장으로 활약하며 금성화랑무공훈장까지 수상했다. 작품에 『붉은 쥐』『군웅群雄』『청년 김옥균』『해조음海潮音』 등 다수가 있으며, 1989년에 『김팔봉문학전집』이 발간되었다.

김복진, 김기진은 예술가 집안의 표본이 되었다. 두 형제의 뜻은 죽음으로 인해 꺾였으나 오늘날에도 청주예총과 동양일보가 함께 김복진을 기리는 조각전을 계속 이어오고 있다는 점이 그나마 아쉬움을 달래주고 있다.

그러고 보니 청주에서 활자문화와 더불어 민족혼과 예술적 향기 등 골고루 살펴보았다. 두루두루 그 지방의 숨결, 멋을 느끼면서 맛집을 순회하는 것, 참으로 별스럽게 재밌는 일이다.

청주에서 만난 인물-오만환 시인

시인이요 역사학자요 인문주의자 오만환 시인
열 살 아랫사람이지만, 성숙도는 나의 삼촌격?

시인 오만환은 그와 악수를 하며 첫인사를 나눌 경우에 현금 오만 원으로 들리기 쉽다. 사실 우리나라 지폐에서 오만 원 단위가 현재로서는 제일 크다. 그는 생김새도 오달지게 생겼는데 사랑으로 뭉쳐진 사람이다. 얼핏 얼핏 그의 심성에서 묻어나는 언행이 신실한 장로인 것처럼 느껴지기도 한다. 그러나 그는 아직 장로는 아니지만 장로가 될 가능성이 짙다.

그는 우리나라 문단에서 정직하고 착한 사람으로 정평이 나 있다. 그는 절대 남을 비판하거나 욕하는 행동을 용납하지 않는다. 그래서 '평화의 화신'이란 관사가 늘 그를 따라다닌다.

시를 쓰지만, 그는 전자공학도였다. 만약 시를 쓰지 않았다면 그는 전공 탓으로 드라이한 사람으로 고착화되었을지 모른다. 대학시절 문학을 사모한 그는 방송에도 뜻을 두었는지 대학방송국에서 소위 말하는 근로장학생으로 일하기도 했다. 방송과 문학, 전산공학 한꺼번에 각기 다른 세 곳에 몸담고 있었다. 전산공학도가 문학공부를 하는 바람에 정창범 교수를 뵙게 되었고 문학서클에서 김홍신, 김한길 작가도 만나게 되었다고 고백했다.

그러한 다양한 경험과 열린 생각이 오늘도 그로 하여금 세상을 향해 아름다워지길 기원하는 시를 쓰게 한다. 그의 시에는 세상을 보는 따뜻한 시선이 있다. 상처를 치유하는 도덕적 규범을 향하고 있다.

젊은 시절 그의 시는 세상을 향해 경고하고 질책하는 참여적 성격을 띠기도 했다. 그러나 긍정과 희망으로 현대인의 심적 고통을 해방시키려는 주제가 대부분이다. 유학자 후손으로 진천 출신인 그는 해주오씨이다. 현재 한국문인 산악회장직을 맡아 산행의 리더요, 바른 삶의 전도자로서 오늘도 산길을 오르고 있다. 어깨에 멘 배낭만큼 이 시대 많은 아픔을 걸머진 때가 있던 오만환 시인. 그래서일까 그는 시인이요 역사학자요 인문주의자로서 나보다 열 살이나 아랫사람이지만, 성숙도는 나의 삼촌격 정도 되지 않을까?

상주 유감

백 년 전 진천에서 상주
어림잡아 삼백리
산맥을 넘고 물길을 따라
빨라야 사나흘,
희곡 '김영일의사'를 쓴 작가 조명희
3.1만세 독립운동의 횃불을 다시 지피려
농촌의 수탈과 농민의 어려움

소설 『낙동강』을 발표하고 망명
그 이름 낙동이 상주 넓은 들판에서
올 장마에도 풍년을 키워냈다는 장엄한 소식
천 년 전 사벌국 어디인가
그 발자취 찾아서 자동차로 청천
화양, 선유, 화북, 화서
견훤의 아버지 아자개였던가
느릿 느릿 그래도 두 시간 반
사벌면, 사벌성도 있는가요
자전거 타시는 어르신
이곳에 훌륭하신 분 그 누구
뽕과 벼, 감도 많고 학자도 많고
도남서원, 경상도 최고였다네
바다에는 충무공, 육지에는 정기룡 장군
사당도 있고, 경천대 가면
장군께서 소와 말을 먹이시고
의병과 함께 삼천리 강토를 지켜낸 기개
어서야 가서 요즘을 여쭤나 보세
백사장 모래는 강물이 또 실어 나르고
땀 흘리고 하늘 우러러 살다가
살다가 보면 버드나무 길게 다시 자라고
땅 속엔 지렁이가 새끼를 친다네
사람에겐 자손 농사가 제일이라
잘 키우고 가르치면 그게 풍작이고 행복인지라
나라 위하는 마음,
송편 속에 곶감을 넣고

오만환 시인의 추천맛집

부추만 고집, 상주할매의 '원조올갱이'

청주에 가면 누구나 서문다리 근방 올갱이집을 찾는다. 필자는 이 지역 대표시인 오만환 시인에 이끌려 서문오거리 상주할매 **원조올갱이(043-256-7928)** 식당을 찾았다. 거기에 가면 올갱이국 냄새가 진동한다. 올갱이는 사투리다. 원래 다슬기라고 해야 하지만 이 지역에서는 다슬기를 올갱이로 표기하고, 또 그렇게 부른다. 일급수 물에서만 사는 다슬기는 고동의 한 종류이다. 진경산수화에서나 보일 법한 골짜기 개울에 사는 이 올갱이는 속살을 빼어낸다. 부추를 넣고 한 번 더 곱쳐 끓인다.

이 식당은 45년 전통음식점으로 대를 계승했는데 지금은 그의 따님이 친정어머니를 계승하여 올갱이국을 끓이고 있다. 다른 식당은 가끔 부추가 적을 때에는 쑥이나 시금치도 넣어 끓이는 경우가 더러 있지만 이 '상주집'은 부추만 고집한다. 건강식으로 쌉쌀하게 깊은 맛이 청주 인심만큼 넉넉한데 국 한 그릇이 8천 원, 무침은 3만 원으로 3~5명이 먹을 수 있다.

올갱이국과 어죽의 진수 '대한생선국수'

매서운 과거 역사와 함께 청주의 겨울도 사실은 매섭기만 하다. 높은 지대의 내륙인데다가 중부지역인 탓에 추위로부터 청주는 자유롭지 못하다. 청주를 찾았다면 당연히 따뜻한 음식을 찾기 마련이다.

청주의 별미 올갱이국과 어죽을 찾으려면 **대한생선국수(043-265-9292)**를 찾아야 한다. '손님이 짜다면 짜다'라는 다소 기이한 모토를 달고 있는 이 가게는 바다가 없는 청주의 특성상 민물고기들로 끓인 매운탕을 주로 취급한다.

바삭바삭하면서도 기름이 보존해준 생선의 고운 살결을 그대로 씹을 수 있는 생선튀김은 물론이요 어죽까지 민물고기로 먹을 수 있는 모든 음식들을 갖추고 있다. 고추장과 마늘로 간을 해 양념을 발라 구운 도리뱅뱅은 뼈가 부드러워 통째로 씹어도 전혀 거부감이 없으며 깻잎에 싸먹어야 맛있다. 어죽은 아주 푹 고아서 생선의 비린내와 잡냄새를 말끔히 없앴기에 생선비린내가 역해 생선을 좀처럼 먹지 못하는 사람들에게도 거부감 없이 넘어갈 수 있도록 만들고 있다. 아무래도 이 가게의 최대 하이라이트는 올갱이국이다.

올갱이국은 인근 하천에서 잡은 싱싱한 올갱이를 그대로 끓여 손님기호에 맞게 양념을 넣든지 아니면 그대로 그 신선함을 맛보게 해주는 배려가 돋보인다.

'도토리고을'에서 청주명물 도토리묵을 맛보라!

사실 민물고기는 어느 내륙지방의 도시에서나 즐길 수 있기에 질린다고 투덜댄다면 청주의 진정한 명물인 도토리묵을 권해본다. 청주는 그닥 고지대는 아니더라도 적당히 선선한 날

씨와 기후로 도토리가 자라기에는 안성맞춤의 환경을 갖추고 있다. 청주시 흥덕구 가경동에 위치한 **도토리고을(043-234-7773)**은 도토리묵 하나로 모든 음식을 맛볼 수 있는 기회를 준다. 도토리수육정식은 생묵에 수육을 얹어먹으며, 도토리로 만든 빈대떡에 쟁반국수, 멸치육수로 끓인 묵국과 수제비는 쫄깃하면서도 도토리향이 물씬 풍겨나와 코끝을 자극한다.

도토리는 본래 가을에 주워 겨울나기를 위한 구황식으로 가난과 굶주림을 이겨내기 위한 우리 조상들의 강인한 의지가 돋보이는 음식이다. 그런 도토리묵의 깊은 뜻을 알고 먹으면 더욱 묵맛이 깊다. 도토리고을은 바로 우리 조상의 지혜로운 삶을 느낄 수 있는 곳이다.

청양

후덕한 외갓집 그늘, '청양'에 대한 회상
- 고운식물원, 한훈 어록비, 조롱박축제

충남 청양 〈고운식물원〉

고운 식물원에 가면
잃어버린 시절을 찾는다
그곳에 다소곳이 고개숙인
순이꽃 금낭화를 만난다

– 이재인 「고운 식물원」 중

청양은 푸르고 깨끗한 마을로 알려져 있다. 산이 높고 골짜기가 깊으며 물이 골짜기마다 넘치고 산림이 우거져 대낮에도 여우가 나와 돌아다니는 골짜기가 바로 청양군 비봉면 방한리이다.

초등학교 3학년 때, 일제강점기에 나는 일본유학을 떠났고 당시 비봉면장을 맡고 있던 물레방앗간집 외가에 간 적 있었다. 연당에는 오리떼가 헤엄쳐 다녔고 백련, 홍련이 무심한 듯 침묵으로 세상의 덧없음을 드러내고 있었다. 며칠 굶었는지 산비둘기 소리가 지지궁 지지궁 굶어죽은 이웃집아가씨 원혼을 달래는 저녁나절이었을까? 퇴근하여 연꽃이 만발한 논둑으로 빨간 자전거를 타고 퇴근한 외숙부는 서글서글한 성격에 부티나는 외향을 하고 계셨다. 어쩌다가 딸만 내리 넷씩이나 낳으셨는지, 유교냄새가 짙게 배인 집안에서 자란 나의 외사촌 누나들은 일종의 천덕꾸러기였다. 다행히 부잣집이었기에 식모살이에서는 해방된 행운아로 자랄 수 있었다. 만세보령의 상징인 성주산이 남으로 보였고 화성면 소재지로 막힘없이 흘러내리는 시냇물은 언제나 시원한 물소리를 토하면서 흘러내렸다.

내가 훗날 시인, 소설가가 될 수 있었던 것은 지금 생각해보면 외가의 후덕한 그늘이 있었기에 가능했다. 전주이씨 양녕대군파에 인심 좋고 학식 많은 댁의 외손자로서 나는 알게 모르게 외가 영향을 받았다.

6·25전쟁 당시에도 손톱 하나 다치지 않고 무사하게 지날 수 있었던 것도 외가의 후덕한 인심과 따스한 인정이 작용했기 때문이다. 이런 청양에 외가를 둔 나는 고양이가 생선가게 개구멍 드나들듯 어머니 심부름으로 외갓집을 들락거렸다. 재봉틀이 없어 헤진 옷을 꿰매거나 줄일 때 외숙모 도움을 받아야 하는 가난한 집의 며느리인 나의 어머니 한恨이 재봉틀이었음을 당시 어머니에게 묻지 않아도 알 수 있었다. 먹고 살기도 힘든 시절에 재봉틀을 소유한다는 것은 꿈에서나 가능한 일이었다.

헌 옷가지를 주섬주섬 보자기나 강냉이 포대자루에 넣어 어깨에 짊어지고 가는 나의 뒷모습을 상상하면 괜히 처연해진다. 먹고 입고 누릴 것이 부지기수인 세상에 누구를 원망하고 누구를 시기하는 일은 소인배나 할 일이다. 그러니 지금의 풍요함에 감사하고 또 감사한 삶을 살아가는 것이 우리 현대인의 몫 아닐까. 그런데 왜 이리 살인·강도·폭행·불륜 · 자살 등이 판을 치는가? 이러한 것들은 성찰하는 여행을 통해 충분히 극복되며 소박한 행복으로 바꿀 수 있다.

청양에는 '고운식물원'이 우리를 기다린다. 나는 왠지 식물원에 가면 눈물이 난다. 내 어린 시절, 우리 시대의 가난한 날에 정겹게 보던 친구들이 거기에 있기 때문이다. 언제, 어디에서 다시 보랴? 매발톱, 금낭화, 노루오줌꽃, 지네풀, 참깨방망이꽃, 보라꽃 피는 들국화가 60년간 이별했다가 나와 다시 재회한다. 눈시울을 적시면서 시 한 수 기록한다.

고운 식물원

고운 식물원에 가면
잃어버린 시절을 찾는다
그곳에 다소곳이 고개숙인
순이꽃 금낭화를 만난다

열정으로 불태우던 밤
밤에만 향을 토하던 밤꽃
어느 녀자의 터져 흐르는 정념이던가

개불알꽃 핀 산언덕에 가면
잃어버린 에덴이 있다
사랑도 덩달아 가시오가피에 박힌다

박꽃 속에 핀
내 유년의 우체국장 딸애의 꽃도 만난다

칠갑산

푸른 칠갑산을 붉게 물들이는 철꽃을 볼 수 있는 고장 청양은 그 이름 만큼 푸르기도 하지만 따스한 인심을 느낄 수 있는 곳이다. 한국의 알프스라고도 불리는 청양만의 고유한 정취를 느끼고 싶다면 청양군 정산면에 자리한 칠갑산 알프스마을을 찾길 권한다. 그런데 왜 알프스란 이름을 붙였을까? 의문부호를 던진다. 순수 우리말로 '박꽃마을' '조롱박마을' 이러면 더 소박하고 친근하지 않을까. 어쨌든 칠갑산 아래 산기슭에 자리잡은 이곳 알프스마을은 길이 잘 닦여 어린아이라도 무리없이 소화할 수 있는 등산로가 펼쳐진다. 그 유명한 천장호수를 가로지르는 국내 최장의 천장호 출렁다리를 갖추고 있다. 또한 겨울이 되면 천장호에서는 빙어낚시를 즐길 수 있다.

도시에서 쌓인 피로는 단순히 운동만 한다고 풀리진 않는다. 그저 칠갑산 자연휴양림에서 머물며 자연정기를 받아들이는 것만으로도 충분히 피로를 풀 수 있다. 난방, 취사, 샤워가 가능한 통나무장에 야영장까지 갖추어 별다른 고생 없이도 숲에서 편안한 휴식을 즐길 수 있다.

알프스마을에서 8월에 열리는 조롱박축제에서는 청양명소인 조롱박터널을 지나 조롱박에 자신의 한 해 소원을 적어 빌 수도 있다.

칠갑산의 기운 덕분인지 아니면 청양의 꽃인 철꽃의 꽃말이 정열, 명

조롱박축제 조롱박축제에 참여한 사람들은 흥부처럼 박을 갈라 보물을 얻는 대신 박음식을 마음껏 맛볼 수도 있다. 박으로 만든 전에서 박으로 만든 탕수육에 이르기까지 자극적이지 않으면서도 부드럽고 은은하게 풍기는 박의 매력에 빠져볼 수 있다. 조롱박은 과피가 지나치게 굳기 전에는 호박 못지않은 달달한 맛을 내기 때문에 특히나 여기에 청양 구기자로 만든 청양만의 술인 구기자술을 더한다면 비오는 날 남부럽지 않게 비의 여운을 즐길 수 있다.
구기자술에서도 둔송구기주는 청양지역에서 150여 년 전부터 6대째 하동정씨 종갓집에서 술 담그는 비법을 전수받아 명인지정을 받은 술이다. 둔송구기주는 2000년 9월 충남 무형문화재로 지정받았으며, 2010년 대한민국 우리술품평회에서 우수상을 받은 바 있는 고품격 특산주이다. 또한 청양에서 생산되는 생막걸리는 알콜도수 6% 정도로 그리 높지 않아 목넘김이 부드럽고 떫지도 않아 막걸리를 좋아하지 않는 사람들이라 해도 즐기기에 충분하다.

예, 충절, 선비정신 등을 가리켜서인지 예전부터 청양에는 지조와 절개를 지킨 인물들이 많기로 유명하다. 많고 많은 청양군의 독립운동 인사들 중 단연 손꼽히는 인물로는 한훈이 있다.

한훈을 떠올릴 때면 묵직한 돌 위에 새겨진 선생의 빛나는 독립정신이다. 광복 60주년 을사늑약 100주년을 맞이하며 독립기념관 애국시 · 어록비 공원에서 2005년 3월 1일 한훈 선생의 어록비 제막식이 있었다. 화강암과 오석으로 제작된 어록비에는 오석 중앙에 한훈 선생의 얼굴과 선생께서 말씀하신 어록이 새겨 있었다.

> 세우자 우리나라 우리 손으로
> 독립한 정신없이 독립은 없다

한훈 어록비

한훈(1890~1950)은 충남 청양군 사양면 홍산리에서 한성교의 둘째아들로 태어났다. 한훈이 전적으로 독립운동에 가담할 수 있었던 것은 홍주의병이던 외숙外叔의 유언 때문이었다. 외숙은 청양 정산의 칠갑산에서 일본군과 싸우다 전사했다. 외숙의 뜻을 받들어 이땅에서 일제를 몰아내고 자주독립을 위해 홍주의병에 참여했다. 그의 친형 한태석도 독립운동에 깊이 관여했다. 한일합방 이후, 군자금 모집활동에 가담하다 체포되어 8년간 옥살이를 하기도 했다. 이 모두 홍의의병이던 외숙의 영향이 크다.

다시 1905년 을사조약 체결 당시로 돌아가자. 일본이 우리나라를 식민지하려고 을사조약을 체결하자 이에 반발하며 전국 각지에서 일제히 의병활동이 일어났다. 한훈도 부여 · 노성 · 연산 · 공주 등지에서 의병활동을 했다. 처음에 그는 을사오적乙巳五賊을 처단하려는 계획에 가담했었다. 을사오적이란 을사조약 체결에 찬성했던 학부대신 이완용, 군부대신 이근택, 내부대신 이지용, 외부대신 박제순, 농상공부대신 권중현 이렇게 다섯 사람을 말한다. 그러나 나철이 일경에 체포되고 계획이 수포로 돌아가자 만주로의 망명길에 올랐다.

만주에서 대한광복회에 합류하여 본격적으로 독립운동에 투신한다. 광복운동에 필요한 군자금을 확보하는 한편 전북 순창의 오성 헌병부대를 습격해 무기를 탈취하여 광복운동에 활용했다. 또한 1920년 미국의원단의 내한을 기회로 한훈은 조선총독 및 정무총감 등을 처단하고자 했지만 실패하고, 결국 감옥신세를 진다. 한훈의 재판과정이 상세히 신문에 보도되면서 당시 일제치하의 민중들에게 그는 많은 희망을 안겨주었다.

당시 『동아일보』는 다음과 같이 재판과정상 의연한 그의 모습을 기록하고 있다.

> 한훈은 원래 이 사건의 중요한 수령이니 만큼
> 답변할 때 태도가 매우 냉담하야
> 다른 피고와 같이 허둥지둥하지 아니하며
> 피고석에 꼿꼿이 앉아서 입에 미소를 띠고 있었다.

결국 한훈은 23년형을 선고받았다. 옥고를 치르는 동안에도 그는 단식을 통해 일제에 저항했고, 1929년 복역 중 병으로 19년 6개월 만에 출소되었다. 1945년 광복 후에는 광복단을 재조직하며 단장으로 선출되었다. 이후에도 임시정부를 중심으로 자주적 독립국가를 지향하며 신탁통치를 반대했다. 그러나 안타깝게도 1950년 한국전쟁 중 북한군에 납치되어 피살되었다. 그때 그의 나이 60세.

다시 한번 한훈의 미소를 떠올려본다. 재판받으며 꼿꼿이 자리에 앉아 미소짓던 그 당당함을 떠올린다. 아, 맵다. 지금 청양고추 한 입 물고, 그 칼칼함에 눈물이 핑, 혀가 얼얼, 목이 타들어간다. 그러나 거부할 수 없는 청양고추의 매력에 빠져들며 물 한 사발 마시고 다시 막된장에 청양고추를 입에 문다. 톡 쏘는 매운맛 다음에 오는 달콤함이여. 매년 8~9월이면 청양고추축제가 열린다. 잃었던 입맛 돋우며 원기를 회복해주는 청양고추, 청양의 매력에 한번 빠져드는 것은 어떨까. 갑자기 외가에서 만난 그 여름날의 기억들이 되살아난다. 청양은 내게 그런 곳이다. 추억을 부르는….

청양인물 – 송영희 시인

시는 철학이 아니라 시이다
은유와 상징이 느낌과 깨달음으로 다가오다
그립다!

청양지역에 온 여류시인 송영희●는 일상 속에서 작고 숨겨진 미적 대상에 가장 소중한 생명성을 부여하며 박애주의적 관념으로 자아를 넘어서는 미를 창출해낸다. 자신의 체험으로 단련된 섬세한 심성으로 단단한 현실을 시에 담아내며 서정성과 관념의 조화를 이룬다는 평가를 받는다. 그리하여 그녀의 시는 삶의 총체적 전화轉化와 해탈경지로 나아가는 시작이자 작은 발걸음이기도 하다.

그녀의 사유는 결코 번거롭지 않다. 그 사유는 상승하거나 추적하는 것이 아니라 있는 그대로 절실하게만 남을 뿐이다. 산책하듯 때로는 잔잔하지만 삶의 여러 흔적들처럼 때로는 날카롭고 거센 파도와 같기까지 한 송영희의 사유는 전혀 작위적이지 않다. 담담하고 가벼움으로 절대적 관념으로 치닫기까지 한다.

어둠에서 고차원적인 명상세계로 전개되는 시상은 실체적 현실세계를 시적 재구성의 세계로 기품 있게 전환시키는 기법을 보여준다. 시가 시이게 하는 시의 총체적 기법은 일단 시인의 경건성과 진실성에서 비롯된

● **송영희** 송영희 시인은 성신여고 졸업 후 경기대 국어국문학과를 졸업했다. 1968년 잡지 『여원』에 「밤에 띄우는」 시로 신인상을 받았다.

다. 그녀는 시가 철학이 아니라 시임을 잘 알고 있으며 그래서 철학이나 섣부른 진리의 파편이 제거된 관념의 자연성을 드러낸다. 은유와 상징이 부분적 역할이 아닌 전면적인 느낌과 깨달음의 구조로서 역할을 하는 것이다. 이렇게 언뜻언뜻 시인의 시를 그리워하게 되는 것은 시인 송영희만이 할 수 있는 일이다.

나무들의 방언

– 송영희

동네 키 큰 나무들 곁을 지난다
갑자기 그들이 쏴쏴쏴 소리를 낸다
나도 입을 벌려 후후후 화답을 한다
나는 방언으로 이야기 하는
그들의 손을 잡고 싶다
세상의 죄들을 소리 없이 닦아주는
크고 빛나는 손
나도 같이 나무가 되어 그들과 통화를 한다
알아 들을 수 없는 나뭇잎들의 방언
즐겁다 푸르다
내 몸도 가벼워진다.

청양인물-이주형 서예가

30대 이전부터 주목받은 작가

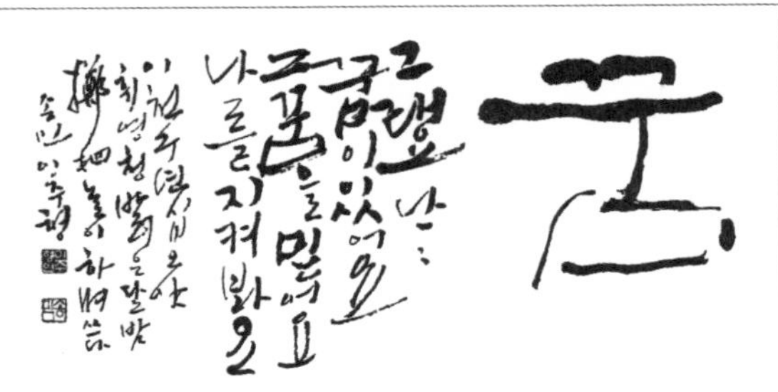

서예가 송민 이주형은 청양 운곡 출신으로 서예가이며 문자예술학자이다. 경기대학교와 성균관대학교에서 학위를 마친 박사이다. 그는 30대 이전에 이미 특선, 특선, 특선으로 청년작가란 타이틀을 획득했다. 한국 전각학회 사무국 일에도 분주하며 현재 경기대학교 미술대학 문자예술학과 대우교수로 재직 중이다.

청양인물-박승병 수필가

"교육계가 깨끗하고 바르게 존재해야 세상도 따라서 맑아진다"

수필가 박승병 교장선생님은 '도리코'라는 별명이 붙은 분으로 정년퇴직 후 현재 우리나라의 문화관광 해설사로서 최고 권위를 지닌 분이다. "교육계가 깨끗하고 바르게 존재해야 세상도 따라서 맑아진다"는 그분은 청렴하고 소박하시다. 언제 어디에서든 사람은 자기자리에 바로 서야 한다고 강조하는 분이다.

청양인물 – 법운스님

청양 산골에서 청백하게 아홉구비 구름으로 살아가고 있는 가난한 스님

법운스님은 동국대학교 총학생회장 출신 승려로 조계종에 속해 있다가 자신의 신념과 거리가 멀다고 느껴 종단을 물러난 청렴한 스님이다. 자신이 직접 땅을 파고 시멘트를 개어 집을 짓는 막노동꾼으로 유명하다. 실천 불교를 행동으로 보여야 신도들에게 불심을 심어줄 수 있다고 하는 설법의 주인공이다. 학승으로서 젊은 시절을 보냈고 이젠 실천적 스님으로서 어느 누구의 눈치를 보지 않고 과단성 있는 불교지도자로서 이름 높다. 욕심이 없고 뒷돈에 뜻이 없어 언제나 가난한 스님으로 천하의 주인처럼 청양 산골에서 청백하게 아홉구비 구름으로 살아가고 있다.

청양맛집

송영희 시인이 추천하는 '바닷물손부두집'

배추와 무의 황금비율로 독특한 김치맛 자랑
10가지 넘는 정갈한 밑반찬도 그만!

청양 칠갑산 기슭 대치리 큰길가 국도변에 이천우 사장이 운영하는 바닷물손부두집(041-943-6617)이라는 간판이 있다. 황토방에 흙으로 단열처리를 하고 최대한 나무를 공간에 배치해서 자동환풍 역할을 하도록 설계

된 집이 입맛을 돋게 한다. 가격도 착하다. 모든 메뉴가 6,000~8,000원을 넘지 않는다.

도토리묵, 도토리빈대떡 그리고 손수 담근 전통청국장이 주요 메뉴이다. 특히 밑반찬이 매우 인상적인데 칠갑산에서 손수 채집한 오가피장아찌, 곰취절임, 산마늘장아찌, 오가피절임 등 열 가지 이상의 정갈한 음식이 나온다. 정성어린 익힘과 비범한 솜씨에 감탄사가 절로 나온다. 주의할 점은 계절에 따라 메뉴와 밑반찬이 바뀐다는 점이다.

'바닷물손두부집'은 배추김치 맛이 매우 독특하다. 이천우 사장의 설명에 의하면 무채를 김치에 넣는 비율과 정량이 맛을 좌우한다는 것이다. 중국 고대문헌에서 무나 배추를 구별하지 않은 무청이라 하여 무분별한 섞음, 버무림 조리방법으로 그 맛을 살릴 수 있다고 전한다. 배추와 무는 인간의 원기를 회복시키는 스테미너 음식이다. 6천 년 전 이집트에서는 피라미드건설에 동원된 인부들에게 김치를 먹여 원기를 회복시켰다고 한다.

현재 우리나라 젊은이들은 너무 서구음식에 길들여 있다. 따라서 영양불균형으로 요즘 젊은이들이 우리 때보다 체구는 커졌지만 체력은 약해 있다.

얼마 전 '히말라야 오지 티베트 고원지대를 가다' TV프로에서 타가리족 레스토랑에 등장한 소금에 절인 배추 몇 조각을 보면서 입에 군침이 돌아 침을 삼켰던 적이 있다. 김치가 보약이다.

이주형 · 박승병 · 법운스님의 추천맛집

발효식품이 밑반찬으로 나오는 '명랑식당'
청양 산중 '버섯전골'의 깊은 맛!

명랑식당(041-942-0399)은, 1차 추천은 서예가인 송민 이주형 박사에게 받았고, 2차로는 수필가이면서 전직 교장 박승병 선생과 청양군 남양면 봉은사 주지로 있는 법운스님에게서 강력한 추천을 받은 식당이다.

명랑식당에 들어서자 한쪽 벽에 붙인 주요 메뉴판이 복잡하다. 눈여겨보니 막창구이, 갈치조림, 밴댕이, 소곱창 전골이 주메뉴이다. 계절에 따른 음식으로는 토종닭, 오골계라고 쓰여 있다.

필자가 바라본 식단 중 눈에 띈 것은 무더운 여름날 버섯전골이 보글보글 소리 낮춰 끓고 있는 모습이다. 이열치열以熱治熱이라 그런지 보기만 해도 혀에 침이 고였다. 이 식당의 특징은 발효식품이 밑반찬으로 나오는 데 있다. 무장아찌, 곰취나물, 두릅, 고춧잎, 명이나물, 가시오가피잎, 두메부추, 산마늘 등인데 발효시킬 때 간장, 설탕, 식초를 잘 배합하여 맛이 향기롭고 짜지 않아 입맛을 당기게 조리한 것이 특이하다.

청양이 깊은 산중인지라 버섯전골에는 온갖 희귀한 것들이 골고루 넣어져 두부와 부추와 두메부추, 산마늘까지 넣어 국물이 맑고 시원했다. 사실 이 자리에 참석하신 법운스님은 금기식물인 두메부추와 산마늘은 먹으면 안 된다고 필자에게 귓속말로 전했다. 그럼에도 불구하고 법운은 초연하게 두메부추를 건져 접시에 내려놓았다. 두메부추는 옛날 스님에게는 절대 먹을 수 없는 일종의 스테미나 식물로 요즘의 비아그라와 같은 성능을 갖고 있다. 법운스님은 비아그라를 처먹고 못된 짓 할 놈은 따로 있다는 경책을 갖고 있었다.

나는 산마늘 줄기를 호호 불면서 이 더위 속에 용봉탕, 보신탕, 뱀장어를 싫어한다는 말은 하지 않았다. 때로는 침묵이 말보다 값지다는 것을 잘 알기에….

명랑식당의 곱창은 겉면의 지방을 제거하고 깨끗이 씻어냈다는 것이 다른 식당과 다르다. 둘째로 곱창을 대나무젓가락으로 뒤집어 이물질을 제거한 후 소금과 밀가루를 넣어 여러 번 깨끗하게 씻는다. 셋째로 질긴 힘줄은 과감하게 제거한다. 마지막으로 주문에 따라 소금을 뿌리거나 양념을 가한다. 그러므로 누린내가 없고 특유의 담백미가 있다.

구기자전골이 별미인 '별장가든'

청양군의 한복판에 자리해 찾아가기도 쉬운 별장가든(041-942-3312)이나 칠갑산 인근에 위치한 위대한탄생(041-944-1121)이 손꼽을 만한 음식점이라고 할 수 있다. 특히 별장가든은 '1박 2일'에 나와 동치미, 도토리묵, 냉채 등 다양한 밑반찬으로 시청자들의 눈을 매혹시킨 경험이 있으니 빠뜨릴 수 없는 명소이다. 이미 구기자전골은 인터넷블로그에서도 떠들썩할 정도로 인기가 자자하니 놓치면 섭섭해할지도 모른다.

'구곡지천'의 명품요리 참게매운탕
가을그늘에 말린 배추를 넣어 얼큰, 담백

칠갑산에 자리한 음식점 구곡지천(041-940-2491)은 맑은 물로 대량 양식을 한 참게를 재료로 하여 참게매운탕, 참게게장, 전골, 튀김 등의 요리를 제공한다. 맛이 좋아 잃었던 밥맛을 되찾게 해주고 밥도둑인 참게 명성에 흠집 잡히지 않도록 요리솜씨 일품이다. 특히 참게매운탕은 가을그늘에 말린 배추를 넣기에 맛이 얼큰하면서도 담백하다. 가족과 같이 오면 참게양식장도 견학할 수 있어 휴일나들이로 안성맞춤일 뿐더러 아이들에게 새 경험을 안겨줄 수 있다. 또한 참게게장은 옛맛 그대로를 재현하여 어른들에게도 인기만점이다.

칠갑산 나물로 만든 산채비빔밥이 일품인 '칠갑산맛집'

음식점 **칠갑산맛집(041-943-5912)**의 산채비빔밥의 맛의 비결은 모든 재료를 칠갑산에서 채취한 나물을 이용한다는 점이다. 계절마다 사용하는 나물 종류가 약간씩 다르지만 산에서 나는 고사리와 취나물을 비롯 들에서 나는 돌미나리와 냉이들이 주로 들어가고 게다가 나물류 반찬들이 한상 푸짐히 오르니 양이 좀 적다 싶은 사람은 밥만 더 추가 주문하면 배불리 먹을 수 있다. 또한 청국장이 일품이라서 비빔밥 마니아라면 누구나 알듯 비빔밥에 청국장을 부어 비벼먹으면 담백한 맛이 그 깊이를 더한다.

청양에 와서 또한 지나칠 수 없는 먹거리가 있으니 바로 칠갑산의 험한 산세와 맑은 이슬을 먹고 자란 표고버섯으로 끓인 표고버섯전골이다. 은근히 불을 올리며 익어가는 야채를 비롯해 고기를 집어먹는 표고버섯전골은 술안주로도 좋고 식사용으로도 좋다. 음식맛을 내는 데는 역시 푹 고은 사골국물이 제격인데 사골국물맛과 청양고추의 매콤하면서 달콤한 맛이 더해지니 누구도 거부할 수 없다.

해미

순교목 회화나무와 느티나무 사이를 번민하다
- 나희덕, 구연학, 박만진을 통해 본 해미

해미읍성

해질 무렵에 해미읍성에 가시거든

당신은 성문 밖에 말을 잠시 매어두고

고요히 걸어들어가

두 그루 나무를 찾아보실 일입니다

– 나희덕 「해미읍성」 중

해미읍성의 순교목 회화나무(좌)와 느티나무(우).

우리나라에는 3대 읍성이 있다. 해미읍성, 고창읍성, 낙안읍성이다. 이 3대 읍성은 그 기능과 구조 면에서 각기 고유의 특성을 지니고 있다. 세상말로 이러한 것을 화이부동和而不同이라고 한다. 같은 읍성이지만 내부적으로 다르고, '창의'라는 개념으로 풀이될 때 또 달라진다. 단연코 해미읍성이 으뜸이다. 건축기행과 성지순례 참여자들이 반드시 해미읍성을 찾는 것도 이런 이유일 게다. 서산시에 속해 있으나 '해미는 없는 것 빼곤 다 있다' 는 말이 나돌 정도인데, 이곳 해미사람들의 자긍심을 부추기기에 충분하다.

산, 물, 바다가 어우러진 이 고을은 예부터 먹고 즐기고 누리는 것에 익숙하다. 특히 이 읍성은 성 자체가 지닌 한국적 정서에다 하늘과 땅, 자연과의 풍광이 조화롭고 아름답다. 특히 창천 아래 읍성을 거닐 때면 낭만적 감상에 빠져 든다. 아마도 커다란 400년 된 느티나무 때문이리라. 그렇게 무심히 나를 달래보리라.

그러나 이곳은 소리 없는 아우성. 하늘 높이 솟은 회화나무 앞에 서면 지금으로부터 약 150년 전 병인박해의 고통 속으로 한없이 곤두박질친다. 순교자들의 처절한 외침소리, 백색 절규가 나무기둥에서 가지 끝에서 메아리친다. 나무에 매달려 처형의 순간을 맞이하는 순교자들의 비명 소리가 배어 나오는 회화나무. 가톨릭에서는 이 나무를 순교목으로 지정하여 보호하고 있다. 인간보다 더 많이 살며 순교자들의 단호한 고통을 품에 안았던 나무, 이 견고한 나무를 조심스럽게 한 번 만져본다.

하늘이 높다. 지금은 굳은 절개의 순교자와 의인은 가고 없지만, 이곳 해미읍성은 이순신 장군이 젊은 시절 훈련교관으로 재임했던 곳이기도 하고, 조선말 일제에 맞서 의병들이 최후 활동을 벌였던 격전지이기도 하다. 지금 낭만과 절규 사이에 놓인 느티나무와 회화나무 사이에서 번민하고 있다. 시인 나희덕은 해미읍성, 회화나무에 대해 이렇게 읊었다.

해질 무렵에 해미읍성에 가시거든
당신은 성문 밖에 말을 잠시 매어두고
고요히 걸어들어가 두 그루 나무를 찾아보실 일입니다
가시 돋힌 탱자 울타리를 따라가면
먼저 저녁해를 받고 있는 회화나무가 보일 것입니다
아직 서 있으나 시커멓게 말라버린 그 나무에는
밧줄과 사슬의 흔적 깊이 남아 있고
수천의 비명이 크고 작은 옹이로 남아 있을 것입니다
나무가 몸을 베푸는 방식이 많기도 하지만 하필
형틀의 운명을 타고난 그 회화나무,
어찌 그가 눈 멀고 귀 멀지 않을 수 있었겠습니까
당신의 손끝은 그 상처를 아프게 만질 것입니다
그러나 당신은 걸어가 또 다른 나무를 만나보실 일입니다
옛 동헌 앞에 심어진 아름드리 느티나무,
그 드물게 넓고 서늘한 그늘 아래서
사람들은 회화나무를 잊은 듯 웃고 있을 것이고

당신은 말없이 앉아 나뭇잎만 헤아리다 일어서겠지요
허나 당신, 성문 밖으로 혼자 걸어나오며
단 한 번만 회화나무 쪽을 천천히 바라보십시오
그 부러진 나뭇가지를 한 번도 떠난 일없는 어둠을요
그늘과 형틀이 이리도 멀고 가까운데
당신께 제가 드릴 것은 그 어둠뿐이라는 것을요
언젠가 해미읍성에 가시거든
회화나무와 느티나무 사이를 걸어보실 일입니다

비록 충남 논산에서 태어났지만 시인 나희덕(1966~)은 서늘한 해미의 과거에 대해 잘 알고 있었다. 오페르트 도굴사건 때 분노한 흥선대원군은 천주교인들을 잡아다가 죽여 이곳 해미읍성 안의 회화나무에 걸어 죽였다. 해미읍성은 조선시대의 참혹한 역사의 흔적을 비교적 잘 간직하고 있다는 평가를 받고 있다.

본래부터 해미가 서산에 속했던 건 아니다. 조선시대만 하더라도 해미는 서산 못지않은 큰 고을로 중앙 대접을 톡톡히 받았다. 일제강점기에 행정구역을 개편하면서 해미는 서산에 편입되고야 말았고 일제로부터 해미의 고유한 정체성을 박탈당하자 해미는 민족저항정신의 중심지가 되었다.

그렇다면 해미 출신의 문학가로 누가 있을까. 새삼스럽게 구연학(1874~1940)●이 떠올랐다. 그의 직업은 번안관보(번안소설가)이다. 갑오개혁이후 개화기 3대 정치소설이라면 이인직의 『은세계』와 이해조의 『자

● 구연학 1904년 3월에 중교의숙에서 공부하였고 한성외국어학교를 거쳐 보성전문학교 법률학과를 졸업했다. 1907년 7월 군부의 번역관보라는 직에 임명되었으나, 군대해산으로 인해 두 달만에 실직되고 1908년 2월에는 다시 내각주사로 임명되었으나 경술국치 이후에는 향리에서 면장을 지내기도 했다.

유종』과 함께 구연학이 번안작업한 『설중매』를 들 수 있다. 번안소설의 특성은 외국 문학작품의 줄거리나 사건은 그대로 두고, 인물 · 장소 · 풍속 · 인정 등을 자국自國의 것으로 바꾸어 개작하는 일을 말한다. 번역이 재창조라지만, 번안소설이야말로 자국에 대한 정치, 경제, 문화 등 시대상에 대한 정확한 인식없이는 불가능한 재창조작업이다.

『설중매』는 일본의 자유민권운동가이자 정치소설가인 스에히로 데초가 1886년 8월 출간한 『세추바이』를 번역한 작품으로 원작의 발단 부분을 완전 삭제했고, 상편 7편과 하편 8편을 하나로 합쳐 15편으로 구성했다. 또한 『세추바이』에서 일본의 자유민권운동을 우리나라의 독립협회운동으로 대치시키며 역사성과 현 시대상을 더하고 있다. 소설 『설중매』 속에 그당시 독립협회의 활동, 그 안에서 소장파가 대두되면서 온건파와 과격파 분화과정을 생생히 그려내고 있다. 또한 주인공 이태순은 영국과 미국의 민주정치를 따라야 한다는 역설을 펴며 진보적이면서도 점진적 사상을 독자들에게 흥미롭게 주입시킨다.

게다가 주인공의 개화사상은 좀더 현실적인 개혁으로 뻗어나간다. 여성교육의 중요성을 강조하고, 자유결혼, 대중계몽 수단인 연극에 이르기까지 당시 구호로만 외쳤던 개화에 대해 구체적인 방향을 제시한다는 점에서 참신하고 예리하다. 『설중매』 작품에 대한 해석에는 견해차가 있지만, 구연학은 번안소설로 문학의 새지평을 열었다. 그러한 구연학을 해미읍성이 낳았고, 해미는 언제나 민족정신과 함께 해왔다.

이제, 해미읍성의 정치적 면모를 넘어서서 살아있는 일상을 느끼고 싶다면 중견시인 박만진의 시를 음미해보자.

생선좌판

1
서산 동부시장 저자마당 생선 좌판에
한 손씩 짝을 이룬 자반고등어,
가자미들은 가자미눈을 흘겨 뜨고
굴비 오른쪽으로 즐번하게 누워 있고
서대기 왼쪽으로 즐비하게 누워 있다

2
—이놈들은 한 손에 육천 원이구,
이놈들은 세 마리에 만 원이구,
이놈들은 열 마리에 오천 원이구,
이놈들은 다섯 마리에 만 원이구,

—할메! 그럼, 저년들은 얼마유?

3
—흥정은 붙이구 싸움은 말리래유

—아지메 떡두 싸야 사지유

—생선을 보구 떡 얘기는 왜 혀?

4
할머니 막걸리 한 잔 자신 듯
노을빛처럼 곱다, 아주 곱다
아들 하나는 변호사이고
아들 또 하나는 의사이고
딸 셋도 출가하여 잘 살고 있다

이제 그만 장사를 접으셔도 되지 않느냐고
은근슬쩍 물으니
저자마당 생선 좌판으로
자식들 다섯을 입히고 먹이고
줄줄이 대학까지 가르쳐 결혼까지 시켰는데
녀석들은 아직까지
당신 입 하나 건사하지 못 한다며
웃으시는 모습이 곱다, 참 곱다

– 박만진 시집 중

이 시는 단순한 것 같지만 단순하지 않다. 풋풋하면서도 깨끗한 우리 시골풍경을 간단하게나마 읊조리지만 단순히 생생한 묘사에 그치지 않는다. 해미읍성을 돌아보면서 감당하기 힘든 삶의 무게가 느껴지지만, 이를 이끌고 길을 건너는 것처럼 이 시 또한 우리네 어머니와 할머니들의 살아온 과거를 묵묵히 보여줄 뿐이다. 자식과 손자들 성공을 위해 자신을 희생하면서도 할머니는 끝내 자식과 손자 걱정을 버리지 못한다.

이제 할머니는 시장좌판을 떠나 해미보다 더 번화하고 화려한 도시에 살고 있는 자식들을 그저 묵묵히 걱정할 뿐이다. 그 웃음이 어찌 곱지 않을 수 있을까? 이러한 어머니 모습은 옛 모습 그대로이며 해미를 지키고자 자기 몸을 온전히 바치는 읍성과 무척 닮아 있다. 세상에서 가장 행복하고 편안한 어머니 품을 해미 읍성에서 느껴보는 것은 어떨는지. 녹녹하고 넉넉하다.

해미에서 만난 인물-김용신 원장

북한에서 나서 내포에서 봉사한다
황규철 전 홍성문화원장과 앞서거니 뒤서거니

개성 출신의 김용신 원장은 타향에서 태어나 줄곧 홍성에서 봉사하고 있다. 나는 그가 장로가 못 된 이유를 알 듯하다. 그는 인간이 어떤 존재인지 너무나 잘 안다. 그는 신과 인간이 어떻게 붙어 사는가 그 비밀을 안다. 그러니 그에게 목사나 장로 자리를 나누어줄 사람이 없다. 그는 사람의 속도 알고 세상의 핵심도 파악하고 있다. 사람의 오체도 알고 신경세포도 안다. 그래서 장항선 일대 삼남에서는 그처럼 용한 의사가 없다고 치료받고 체험한 사람들이 말한다. 먹는 것, 입는 것 모두 소박하다. 그러나 정신 하나는 고도한 세계로 열려 있다. 그래서 음악을 좋아하고 영화를 즐겨보며 연극을 사랑하고 남의 말 듣기를 즐긴다. 그는 의사로서 최선을 다하고 나보다 더 어려운 사람에게도 슬프고 괴로운 사람들에게도 무료진료를 해마다 하고 있다.

나는 김원장이 『동아일보』 논픽션 공모에 당선되었다는 사실 외에는 잘 모른다. 하지만 더러더러 지면에 오르는 그의 '의학에세이'를 즐겨 읽는다. 그러므로 그의 글은 많은 감동과 처방술도 익히고 약용이 얼마나 소중한지 깨닫게 해준다.

함께 동행한 황규철 전 홍성문화원장과 그는 앞서거니 뒤서거니 남을 위해 봉사하며 자신 주변을 가꾸고 있다. 그들은 바늘과 실처럼 아주 잘 어울리는 의사요, 믿음을 주는 사람들이다.

그는 같이하는 사람들에게 용기와 희망을 준다.

김용신 원장의 추천맛집

오래 전 도살장에서 인부들이 몰래 뒤로 빼먹던 고기맛?
'김해본가뒷고기'

해미읍성을 돌아보면서 삶의 무게가 버거워 마음이 무겁다. 짐스런 발걸음으로 길을 건너면 턱밑에 **김해본가뒷고기(041-688-2001)**라는 간판이 낮은 음성으로 졸고 있다. 바로 이것이다. 이 겸손이 바로 사람을 세우고 덕을 쌓고 이웃을 모으고 끝내는 문화의 심층을 더욱 굳게 한다. 인간이 먹고 마시며 끝에 가면 '교만'이란 바벨탑을 쌓는 경우가 바로 세계사 속에 지문으로 각인되어 있지 않은가. 혹은 '역사'라고 하고 때로는 교훈이란 말로 에둘러 말한다.

그런데 인문학을 전공했는지 심오한 철학에 바탕을 두었는지 나그네들은 그 의미심장한 '김해본가뒷고기'에 호기심을 유발한다. 코스모스처럼 수수한 큰 키에 마음 좋게 생긴 최경숙씨가 내가 묻는 말에 서툰 명조체로 벽에 써 있는 판넬을 가리킨다. 말하자면 저 안내 말을 귀에 마음에 새긴 다음 접근하라는 일종의 동기유발 효과를 얻고자 함임을 필자는 눈치챘다.

"오래 전에 도살장에서 인부들이 맛있는 부위를 몰래 뒤로 빼먹는 고기를 말한다."

이 말의 뉘앙스는 소를 도살하는 백정들이 작업 중 맛있는 부위를 조금

씩 떼어내서 숨겨두었다가 먹는 고기라는 유언有言의 뜻으로 무섭게 다가선다. 남의 것을 훔친다는 것은 모세의 10계 중 엄연한 금지사항이다. 그런 계율을 벗어나 "훔친 고기는 맛있다"는 역설화법은 일단 사람 마음을 불러들이는 효과가 있다.

필자는 이 뒷고기집에 들어섰을 때 세 번째 손님에 해당하는데, 비교적 주인이 한가한 시간을 택했다. 내포지역의 명의로서 도립의료원 내과 과장을 역임하고 지금은 홍성읍에서 개원하고 있는 김용신 원장이 이곳으로 나를 안내한 장본인이다. 의사로서 의학서적을 출간한 경력 있는 그는 이 지역의 풍류를 꾀고 있는 명사이다. 순전히 그분의 추천이다. 돼지고기 전문으로 뒷고기라고 일컫는 맛있는 부위가 1인분에 5,500원이다. 주로 돼지고기 가운데 최고맛이라는 뒷통살이 1인분에 7,500원인데 이집에서의 조립법은 세상사람들이 모르는 기름기를 제거하는 기술이랄까, 묘법을 터득한 솜씨를 자랑한다. 돼지고기전골이 1만 원인데 셋이서 즐겨먹을 수 있는 양이다. 세 개의 숯 위에 옛날냄비로 보글보글 끓이는 풍경은 다른 식당에서 흔히 볼 수 있는 분위기이다. 맛과 분위기, 주인의 장인솜씨가 어우러져 있다. 이 또한 국민의 몸속에 배인 손님을 우대하는 휴머니즘과 결합되었다고 하겠다.

특히 이집의 음식은 콩나물국에 있음을 직감할 수 있다. 서산 천일염을 넣어 깊은 맛이 배어 나온다. 그렇다. 천일염은 콩나물국에만 국한되지 않고 김치 등 각종 부자재에 커다란 영향을 끼친다. 사람들은 대체로 그냥 눈앞에 자주 보이는 소재 하나를 여기서 섞어서 만든다. 그러나 이 뒷고기집 밑반찬 속에는 우리 손님들에게는 의롭게 대해준다는 보이지 않는 '상인정신'이 배어나온다. 이 상인정신 밑바탕에서 곧 이利가 더해진다는 사실을 말없이 보여준다.

『대학大學』이라는 명저에 "만물에는 근본적인 것과 지엽적이 것이 있나니 곧 먼저 할 것과 나중에 할 것을 알면 도道에 가까우니라." 라고 말했다. 맛있는 음식점, 그 위에 멋있고 정성어린 손맛이 아직도 내 시야에 가물가물해진다.

'읍성뚝배기'
소머리곰탕에 서늘한 해미지역에서 무르익은 '마늘쫑' 베어먹는 맛

해미읍성의 명물음식점이자 유명연예인들의 필수 방문지로도 손꼽히는 읍성뚝배기(041-688-2101)는 오래된 맛집의 전통을 간직하듯 새롭고 깔끔한 인테리어로 승부하기보다는 고향의 옛 모습을 간직한 채 사람들을 과거 추억속으로 그리움으로 몰고가기에 충분하다. 많은 사람들이 관광지 음식점은 부실하고 맛이 없다고 생각하지만 모든 지역이 다 그렇지는 않다는 점을 보여주는 좋은 사례의 맛집이다.

단연 읍성뚝배기에서 손꼽히는 음식은 조미료를 전혀 첨가하지 않은 소머리곰탕으로 푹 고은 뽀얀 국물은 구수하지만 잡내가 없고 듬뿍 떠다니는 고기들은 질기지 않고 부드러워 씹는 재미를 준다. 여기에 깍두기뿐 아니라 마늘쫑을 베어 먹어야 읍성뚝배기를 갔다 왔노라 남들에게 자랑할 수 있다. 해미지역의 특색에 맞게 깍두기, 배추김치는 물론이고 마늘쫑이 밑반찬으로 나오는데 지나치게 시지도 않고 마늘의 향긋한 내음이 적당히 풍겨준다. 해미지역의 서늘한 기후가 마늘이 자라기에는 최적환경을 제공해주기 때문이다.

홍성

충절의 도시, 홍성
최영, 성삼문, 한용운, 김좌진의 의개가 빛나다

홍성 전경

이 몸이 주거 가서 무어시 될고 하니,
봉래산蓬萊山 제일봉第一峯에
낙락장송落落長松 되야 이셔,
백설白雪이 만건곤滿乾坤 할 제
독야청청獨也靑靑 하리라.

– 성삼문 『청구영언』

홍성은 충청도의 옛 명칭인 홍청도, 공홍도에 지역명이 들어갈 만큼 유서 깊은 도시이다. 홍성은 충남의 서북쪽에 위치해 있고 용봉산과 오서산 등 아름다운 산은 물론 서해와 맞닿아 있기도 하다. 인물에서도 홍성은 빠지지 않으며 예로부터 충절의 고장으로 불리어왔다. 고려의 최영에서부터 조선의 성삼문 그리고 독립운동가인 김좌진에 시인이자 독립운동가인 만해 한용운에 이르기까지 홍성은 나라가 위기에 처할 때마다 충절 지사들이 활약하며 국운을 지켜온 고장이다. 중세에서 근대에 이르기까지 국난이 닥칠 때마다 홍성은 꺾이지 않은 불굴의 웅지를 보여주었다. 하지만 과연 오늘날, 우리는 그들의 빛나는 정신을 그대로 실천하며 그 흉내라도 한번 내볼 수 있을까? 그러기에는 너무 잊혀진 옛일이지만 홍성의 절개가 얼마나 대단했던가 한번 곱씹어보자.

성삼문(1418~1456)이라면 사육신의 대표인물로 손꼽힌다. 세조가 단종 왕위를 찬탈하는 바람에 신하들은 저마다 살길 찾아나서기 바빴지만, 이러한 변절자들과 달리 성삼문은 단종에 대한 충절을 꿋꿋이 지켜나갔다. 세종을 도와 훈민정음까지 만들었던 그는 단종을 지켜달라는 세종의 마지막 유언을 잊지 않았다. 그래서 세조를 왕이 아니라 '나으리'라고 부르며 단 한 번도 왕으로 인정해주지 않았을 뿐더러 세조로부터 받은 녹봉 또한 모두 쓰지 않고 창고에 쌓아둘 정도였다. 성삼문의 이런 충절은 형장에 끌려가면서 남긴 그의 시에도 잘 나타나 있다.

임사부절명시臨死賦絕命詩

북소리 울려 퍼져 사람의 목숨을 재촉하는데(擊鼓催人命)
고개를 돌려보니 날은 저물어 가는구나(回首日欲斜)

황천 가는 길엔 주막 하나 없는데(黃泉無一店)
오늘 밤은 뉘 집에서 머문단 말인가(今夜宿誰家)

죽음의 길목에서도 성삼문은 두려워하거나 좌절하지 않았다. 오히려 놀랍게도 황천길에 주막이 없으니 어떤 집에서 묵을지 염려까지 한다. 어차피 한 번 죽는 것, 성삼문은 유머까지 섞어 당차고 배포 넘치고 폼나는 시를 한 수 완성했다. 이런 점에서 성산문은 정몽주에 비견되며 그의 시 '임사부절명시臨死賦絕命詩'는 신하의 충절이 그대로 드러난 대장부적 기질이 넘치는 시로 평가받는다.

만해 한용운•도 홍성에서 나고 자랐다. 한용운은 교과서에도 실릴 정도로 유명한 시 「님의 침묵」을 지은 시인이자 승려, 독립운동가로 널리 알려져 있다. 1919년 3월 1일에는 민족대표들과 함께 경성 시내에서 만세 삼창을 외쳤으며 민립대학 건립에 나서며 교육을 통해 민족정신을 고취시키고자 한 인물이다.

한용운의 기질을 보여주는 일화가 전해지고 있다. 55세 되던 해, 벽산 스님이 기증한 지금의 성북동 집터에 심우장尋牛莊이라는 이름의 저택을 짓게 되었다. 그를 도왔던 주위 인사들이 여름에 시원하고 겨울에 볕이 잘 드는 남향에 터잡을 것을 권유했다. 하지만 한용운은 총독부 청사가 보기 싫다며 굳이 동북방향으로 집터를 틀어버린다. 독립투사들의 의개를 따진다면 총독부 방향으로는 세수조차 하지 않았다던 신채호와 더불어 단연 으뜸이라 할 만하다. 한번은 친우였지만 변절했던 최린이 한용운의 생활비가 부족하다는 걸 알자 한용운 몰래 그의 아내와 딸에게 돈을 쥐어주었다고 한다. 이 일을 알게 된 한용운은 당장 아내와 딸을 꾸짖고는 그 돈을 들고 최린에게 뿌렸다고 하니 가히 세조에게 받았던 녹봉을 쓰지 않고 쌓아두었던 성삼문의 절개와도 비견된다.

● 한용운(1879~1944) 홍성에서 태어나 자랐지만 유년시절에 대해서는 자세히 알려진 게 없다. 고향에서 한학을 배웠고 18세 때 고향을 떠나 백담사 등을 전전하며 수년간 불교서적을 읽었다고 전한다. 1905년에 백담사에서 승려가 되었고 이후 수년간 불교활동에 전념하다가 양계초의 『음빙실문집』을 읽으며 근대사상을 수용했으며 1918년에 불교잡지 『유심』을 창간, 이 잡지를 통해 불교논설뿐 아니라 계몽적인 글을 발표했고 또 신체시를 탈피한 신시 「심」을 발표, 문학에 관심을 보였다. 1926년 간행한 시집 『님의 침묵』은 우리 시문학사에서 높은 평가를 받고 있으며, 이 시집 속의 몇 편의 시는 교과서에 수록되어 국민 애송시로도 널리 알려져 있다. 그는 시뿐만 아니라 소설도 창작했는데 『흑풍』과 『박명』이 그것이다. 『흑풍』은 1935년 4월 8일자부터 『조선일보』에 연재되어 발표되었다. 극심한 혼란기를 겪고 있는 청말의 중국을 우리나라에 빗대어 시대적 상황을 조명한 이 소설은 민족의 얼과 독립사상을 고취시키기 위함에 그 목적을 두고 있었다. 특히나 무협소설 같은 긴장감과 추리소설 같은 내용전개로 박진감을 주는 명작이다. 사진은 충남 홍성군 결성면 만해로 318번길 83에 있는 만해 한용운생가. 생가에서 조금 떨어진 곳에 만해의 위패와 영정을 모신 〈만해사〉라는 사당이 있다.

모두가 붓과 펜으로만 싸워왔던 건 아니다. 청산리대첩으로 널리 알려진 김좌진(1889~1930) 장군도 홍성이 낳은 의인이다. 명문대가의 자제로 15세에 노비를 모두 해방시킬 정도로 근대사상을 마음속 깊이 수용한 김좌진은 이후 간도지역에서 독립군을 조직해 일제의 침탈에 항거하며 민족의 독립운동을 이끌어왔다. 청산리에서 몇 안 되는 독립군으로 일본군을 격퇴시킨 사실을 기려 오늘날 홍성에서는 그의 생가를 복원하고 기념관도 만들었다고 하니 독립운동사에 관심이 많다면 반드시 찾아가봐야 할 것이다.

현재 홍성은 홍성읍 월산에서 발원하는 금마천 · 삽교천의 상류에 해당된다. 이 천변의 유수는 아산만에 이르고 서남쪽으로 상지천으로 흘러

김좌진 우리나라의 대표적 독립운동가 백야 김좌진 장군이 태어나고 성장한 곳. 1991년부터 성역화사업을 추진하여 본채와 문간채, 사랑채를 복원하여 전시관, 사당 등을 추가 건립하여 김좌진 장군의 삶을 배우는 역사현장으로 자리잡은 곳이다. 충청남도 홍성군 갈산면 백야로 546번길 12에 위치.

간다. 또한 상지천은 광천읍을 지나 천수만으로 빠진다. 이렇게 홍성은 아산만에서 천수만에 이르는 저지대의 중앙지점에 위치한다.

그러기에 홍성은 외세의 접근이 용이했고, 그러기에 외세의 폭압과 강탈에 격렬히 맞서싸우는 씩씩한 홍성으로 거듭났다. 그런데 어떻게 홍성에서 한용운 선사, 김좌진 장군 등을 포함하여 수많은 애국지사, 독립투사들이 나올 수 있었을까. 독립유공 서훈자가 무려 178명에 이른다. 믿어지는가? 단순히 이를 풍수지리학상 이치로 따질 것인지 많은 의문이 든다. 그러나 분명한 것은 이러한 충절 있는 인물이 많이 나오는 현상 기저에는 반드시 인간의 내면과 의식을 이끌어가는 사상이 밑받침된다는 것이다.

그런 점에서 홍성군 서부면 남당리에서 태어난 기호학파의 거목 남당 한원진을 거론하지 않을 수 없다. 그는 남당 기호유학을 이끈 호학의 일인자로 꼽힌다. 그러나 오늘날 송시열, 김장생 등의 성리학자에 가려 세인들에게 제대로 조명받지 못한 점이 있다. 그 또한 충실히 율곡 이이를 중심으로 김장생, 송시열로 이어지는 정통성리학을 계승발전한 인물이다. 그러나 남당 한원진이 대유학자로 불리는 데는 또 다른 이유가 있다.

양곡사 홍성군 향토유적 제1호 남당 한원진 선생을 모신 사당 양곡사.

당대 쌍벽을 이룬 외암 이간이 인물성동론人物性同論을 주장했다면 남당 한원진은 인물성이론人物性異論을 이끈 인물이기 때문이다. 한원진이 호락논쟁湖洛論爭에서 주장하는 '인물성이론'의 핵심은 '본디 인성과 물성이 다르다'이다. 인간은 오상五常을 모두 갖췄으나, 초목금수와 같은 동식물은 그것의 일부만 갖추고 있고 그 근본이 인간과 다르다고 하면서 인간의 존엄성을 부각시켰다.

이 점은 결국 조선과 일본이 근본적으로 다르다는 사상적 토대를 형성하며 독립운동의 불씨를 지폈다. 홍성을 중심으로 형성된 남당 기호학파의 절의사상, 척왜론, 항일의식 등의 고취는 향촌사회 저변을 무섭게 파고들었다. 이런 거대한 애국혼 물결이 문중공동체 의식으로 발전해나갔다는 점에서 인간의 행동을 이끄는 사상이 얼마나 중요한가 역력히 입증해준다. 당시 홍주의병을 비롯한 항일의병운동의 사상적 근원이 되었기 때문이다. 한말 의병장 지산 김복한과 복암 이설을 비롯, 한용운, 김좌진 등 홍성 출신의 수많은 항일 위인들의 정신적 지주, 충절의 사상적 뿌리를 이루었다.

결국 홍성은 근대사의 위대한 인물집합소가 되었다. 노비를 풀어주고 해방시킨 김좌진의 위대한 정신의 근원지 홍성. 그리고 이러한 행동력을 낳았던 홍성 기호학파, 사상의 아버지 남당 한원진을 생각하며 그 심오한 철학의 기상 앞에서 겸허히 고개 숙인다.

홍성은 18~19세기 천주교박해로 수백 명이 순교한 성지이기도 하다. 홍주성 안팎이 모두 순교현장으로 1870년(고종 7)에 홍선대원군으로부터 '안회당'이란 편액을 하사받은 동헌은 당시 목사와 홍주군수가 행정을 집행하는 사무실로 사용되었다. 안회당 뒤뜰에는 '신앙증거터'라고 새겨진 비를 만날 수 있다. 홍성 여하정에서 맞은편으로 안회당이 보인다.

"여전히 인간이 동물과 다르다고 생각하는가?"

지금의 물질만능이 판을 치는 자본주의 사회에서 우리는 허기진 물적 욕구를 채우며 어쩌면 동물이 되어가고 있는 것은 아닐까, 의문을 던져본다. 물질팽배가 낳은 인간존엄성의 상실시대, 여전히 조선의 유학자 한원진 선생이 주장하는 '인물성이론' 철학은 유효하다 주장하고 싶다. 그리하여 이렇게 외치고 싶다. 인간이 존엄하다, 인간이 중심이다, 인간이 위대하다.

홍성을 홍성답게 빛낸 충절에 빛난 위대한 애국자들이여,
나 이제 홍성에서의 단상 접고 그 높은 기상, 의개 가득 안고 길 떠나리.
인간이 동물과 다름을 온전히 이해하고,
인간을 사랑하는 마음으로 나를 사랑하고
타인을 사랑하고, 온전한 정의로운 국가를 사랑하는
그 기상, 그 기백 마음에 가득 담고 길 떠나리.
다시, 내 고향으로 돌아가리.

홍성인물 – 조환웅 향토사학자

'홍성 조응식가' 〈사운고택〉 주인장이자 영농인,
향토사학자로서 '장곡면 향토유물전시관' 관장이기도

조환웅씨 부부

조환웅 선생은 직업이 영농인이다. 대농사로 논이 60여 마지기, 밭이 1만 평이니 큰 부자이다. 산이 몇 정보이고 밤나무 과수원이 1만 평이 넘는다. 거기에다 축산업도 하고 수목원도 개발 중이다.

국가민속문화재 제198호 '홍성 조응식가' 〈사운고택〉 주인장이면서 향토사학자로서 대학원까지 마친 영농인으로서 '장곡면 향토유물전시관' 관장의 직책을 가지고 있다. 농촌일수록 이렇게 배우고 실천하는 사람이 필요한 시대이다.

조태벽공(1645~1719)께서 이곳 홍성에 낙향한 계기로 살아왔다. 조태벽은 충정공 조계원(1592~1670)의 손자이다. 약천 조계원공은 인조 때 호조판서를 지낸 존성存性의 아들이다. 그리고 영의정을 지낸 신흠申欽의 사위이다. 또한 인조 계비인 장열왕후莊烈王后의 작은 아버지요, 형조판서를 지낸 가문의 종손이다.

조환웅씨 할아버지께서는 양주조씨 가문 가운데 문경현감을 지낸 조중세씨로 현지에 심한 가뭄으로 기근이 들자 홍주 본가의 양식을 실어다 구제하였고 고종 31년(1894)에 홍주의병이 봉기했을 때 군량미 239두를 헌납하기까지 했다고 전한다. 예부터 나라의 운명에 노심초사하면서도 국운을 지탱해온 훌륭한 가문을 바탕으로 하고 있다고 할 수 있다.

홍성맛집

조환웅 선생의 추천맛집

한옥에서 들려오는 가야금소리에 걸맞는
조미료 사절의 한정식 주문식당 '예당큰집'

내포지역에서 규모가 큰 맛집이 **예당큰집(041-642-3838)**인지 기왓골에 쏟아지는 정오의 햇볕과 가야금소리가 예사롭지 않다. 지붕을 떠받친 아름드리 기둥, 창호지를 바른 한옥 창문이 정겹다. 마치 아주 먼 옛날 대감댁 외가에 온 느낌이다. 이런 고아한 한옥에게 다소 미안했던지 '한국음식문화원'이란 간판이 격조있게 다가온다.

이 예당큰집은 한정식 주문식당이다. 미리 전화예약을 하면 된다. 이 집의 음식맛은 깊은 데가 있고 일절 조미료를 사용하지 않는 장점이 있다. 그래서 그런지 새맛집 증후군에 걸렸거나 자연식품을 찾아나선 사람들이 여기에 곧잘 찾아온다고 한다.

그리고 둘째로 이댁에서 밥먹고 간 사람 중 판·검사가 된 사람, 시장 군수로 진출한 사람, 행정고시에 합격한 사람들이 많아 오관헌五官軒이란 별명이 붙어 있다. 사실 본말이 전도된 느낌이다. 하긴 옛날 고관대감 벼슬아치들이 살던 집에는 좋은 기가 생성되기 때문일까, 일부러 찾는 사람이 많다고 한다.

쌀, 팥, 조, 상추, 아욱, 콩, 시금치, 아욱, 호박의 친환경 검인증서가 벽면 액자에 겸손하게 붙어 있는데 어라, 이곳에 다녀간 유명작가 시인의 이름이 줄줄이 붙어 있다. 소설가 정미경, 이순원, 유재용, 정연희, 이광복 그리고 시인 송기원, 최영규, 김영미, 박명용 등 일급의 문사들이 다녀갔다는 낭보가 벽에 붙어 있다.

문어, 홍어찜, 편육, 쇠고기, 큰새우, 굴비, 산적, 어리굴젓, 수수부꾸미, 깨강정, 호박잎쌈, 묵은김치, 산마늘, 오가피잎, 양파절임, 고사리무침 등 이외에도 외우기 힘들 정도의 밑반찬이 나오고 검정쌀이 드문드문 박힌 밥사발이 나온다.

사실 한정식은 주인의 품격을 나타내는 밥상이다. 주방장이 이 예당큰집 사장이고 보니 아무래도 손맛이 다른 사람네 밥집보다는 살뜰하다고 하겠다.

홍성시 광천읍에서 생산된 일등고기 사용 '소복갈비'

홍성 하면 한우를 빠뜨릴 수 없다. 대통령도 왔다 갔다는 맛집 **소복갈비(041-631-2343)**는 예산뿐 아니라 홍성에도 자리잡아 있다. 이 소복갈비는 다른 갈비집과는 다르게 갈비를 즉석에서 구워주는 게 아니라 직접 구운 뒤에 전달해주는 특징이 있다. 이는 직접 굽다 보면 불 강도조절에 실패해 지나치게 태울 수 있기에 고기맛을 최대한 살리기 위해서라고 한다. 물김치는 물론이고 귀하디귀한 어리굴젓이 밑반찬으로 나오는데 특히나 어리굴젓은 비릿한 맛을 잡아 일품이며 전국에서 젓갈로 유명한 홍성시 광천읍에서 생산된 제품이기에 품질 하나만큼은 믿고 먹을 수 있다. 고기와 함께 먹는 상추와 들깻잎, 부추에는 깨가 잔뜩 뿌려져 고소하기 그지없다. 고기는 양념이 과하지는 않으나 달달한 감이 있어 아이들에게는 제격이다. 갈비탕은 국물 반에 고기 반으로 어디보다도 많은 고기량을 자랑하는데다가 맑은 국물은 얼큰하면서도 시원해 겨울에 잠기기 쉬운 목을 풀어주니 보양식으로는 그만이다.

불고기에 시래기밥이 별미인 '일미옥불고기'

홍성한우의 또 다른 진미인 불고기를 즐길 수 있는 집으로는 **일미옥불고기(041-632-3319)**가 있다. 다소 외곽진 곳에 있어도 생긴 지 얼마 안 되어도 단체주문이 끊이질 않는 별미집이다.

또한 파김치에 무장아찌, 양념게장, 전, 고구마튀김까지 풍부한 밑반찬을 제공해주어 한정식집을 연상케 한다. 불고기도 달달하면서도 부드러워 모든 이의 식감을 충족시켜 주기에 충분하다. 홍성에 가면 일미옥불고기를 반드시 먹어보자. 이집 별미는 시래기밥으로 시래기는 칼슘함량이 높아 아이들 성장에도 좋을 뿐 아니라 철분이 많아 빈혈도 해결해준다. 일미옥불고기집 시래기밥에서는 구수한 시래기 향이 묻어나온다. 딱딱한 시래기껍질을 가게에서 일일이 까준 덕분에 시래기 또한 전혀 질기지 않고 부드럽다. 간장에 참기름을 섞어 만든 양념장도 좋지만 시래기만의 구수한 맛을 더 느끼고 싶다면 양념된장도 나쁘지 않은 선택이다. 무채를 곁들여 김에 싸먹는다면 그보다 좋은 선택은 없다.

홍성 광천의 싱싱한 해산물을 즐길 수 있는 '만중이네회수산'

홍성은 서해에 접해 있어 해산물도 풍부하며 이 해산물들을 위한 축제도 끊이지 않는다. 홍성 광천에서 10월이면 새우젓, 재래식김 축제를 만날 수 있고 남당항에서 9월에는 대하, 1월에는 새조개 축제를 즐길 수 있다. 특히나 남당항의 **만중이네회수산(019-634-2646)**은 소라에 집나간 며느리도 돌아오게 한다는 고소한 전어를 밑반찬으로 제공해준다. 살아있는 대하를 넣고 소금을 뿌려 굽는 대하구이는 살아있는 육질을 그대로 보존하여 대하의 탱탱한 허리살을 씹어먹는 맛을 제공한다. 꽃게탕은 튼실한 꽃게살을 간직한데다가 매콤하면서도 깊은 육수로 서해바다의 향기를 풍긴다.

'미마지' 연밥정식

이 진미를 백성들에게 대대로 전하게 하라

음식을 만들어내는 이들의 정성과 철학
전통을 이어 생명력 있는 맛의 창조
한번 오면 단골손님

맛을 보존하고 계승하면서
정성어린 손님맞이를 하는
향토음식꺼리
맛의 넉넉함과 여가적 삶의 여유를 찾는
아름답고 소중한 추억의 소산

향토음식은 지역의 특산물을 특유의 조리법으로 만든 음식
당연히 그 지방의 문화와 정서를 담고 있다.

공간성
고유성
풍속성

향토음식!
우리가 지킬 문화유산이다.